国家自然科学基金面上项目(52374087)

2023 年度河南省本科高校青年骨干教师培养计划(2023GGJS057)

河南理工大学杰出青年基金(J2024-1)

河南理工大学安全学科"双一流"创建工程项目(AQ20230733,AQ20230734)

煤矿坚硬顶板卸压方法的适用性研究与应用

——爆破与水力压裂的对比分析

张兴润　　姜全乐　　王志坚　　孙　淼

芦盛亮　　四旭飞　　林志斌　　徐　宁　　著

U0337729

中国矿业大学出版社

·徐 州·

内 容 简 介

在采空区短期内坚硬顶板完整性较好且难以及时垮落时,易形成较大面积的悬顶,表现为强烈的周期来压,当悬顶面积超过一定的范围时,将会发生大面积垮落,且会造成剧烈的动力现象,造成支护设备损坏,因此研究爆破和水力压裂两种技术在煤矿坚硬顶板卸压中的应用十分重要。本书主要从理论分析和实践应用两方面对爆破和水力压裂卸压的作用机理、工艺、方法、施工设计进行深入研究,对这两种技术的效果进行评估和比较。

本书可供从事相关专业的读者学习参考。

图书在版编目(C I P)数据

煤矿坚硬顶板卸压方法的适用性研究与应用:爆破
与水力压裂的对比分析/张兴润等著.—徐州:中国
矿业大学出版社,2024.5
ISBN 978 - 7 - 5646 - 6252 - 3

Ⅰ.①煤… Ⅱ.①张… Ⅲ.①爆破-作用-煤矿开采
-坚硬顶板-卸压-适应性-研究②水力压裂-作用-煤
矿开采-坚硬顶板-卸压-适应性-研究 Ⅳ.①TD322

中国国家版本馆 CIP 数据核字(2024)第 092276 号

书　　名	煤矿坚硬顶板卸压方法的适用性研究与应用
	——爆破与水力压裂的对比分析
著　　者	张兴润　姜全乐　王志坚　孙　淼
	芦盛亮　四旭飞　林志斌　徐　宁
责任编辑	陈　慧
出版发行	中国矿业大学出版社有限责任公司
	(江苏省徐州市解放南路　邮编 221008)
营销热线	(0516)83885370　83884103
出版服务	(0516)83995789　83884920
网　　址	http://www.cumtp.com　E-mail:cumtpvip@cumtp.com
印　　刷	苏州市古得堡数码印刷有限公司
开　　本	787 mm×1092 mm　1/16　**印张** 8.5　**字数** 144 千字
版次印次	2024 年 5 月第 1 版　2024 年 5 月第 1 次印刷
定　　价	38.00 元

(图书出现印装质量问题,本社负责调换)

一 前　言 一

　　我国煤层赋存条件复杂,属于坚硬顶板的煤层约占 30%,分布在 50% 以上的矿区。坚硬顶板具有厚度大、整体性强、强度高、结构致密、节理裂隙不发育以及自身承载力强等特点,在煤矿坚硬顶板卸压中爆破与水力压裂技术应用非常广泛。本书详细介绍了爆破与水力压裂技术在煤矿坚硬顶板卸压中的施工设计方法,并且通过数值模拟的手段分别对爆破和水力压裂技术在坚硬顶板卸压中的应用进行了优化设计和施工效果分析,最后列举了爆破与水力压裂技术在现场应用的典型案例。具体研究内容有:

　　(1)从力学机理、适用条件、爆破参数、施工工艺和监测方法等方面介绍了爆破在煤矿坚硬顶板卸压中的施工设计方法。

　　(2)分别介绍了水力压裂技术在初采初放、末采卸压、沿空留巷中的施工设计方法。

　　(3)通过数值模拟的方法模拟了爆破对坚硬顶板的卸压过程,设计了爆破模拟方案,并提出了爆破卸压效果评价指标。对爆破卸压过程进行模拟分析,并且研究了地应力对爆破卸压效果的影响,同时对爆破孔布置形式、爆破装药量和孔距进行了优化。

　　(4)通过数值模拟的方法模拟了水力压裂对坚硬顶板卸压的过程,设计了水力压裂模拟方案,并提出了水力压裂卸压效果评价指标。对水力压裂卸压过程进行了模拟分析，并且研究了地应力对水力压裂卸压效果的影响，同时对水力压裂孔布置形式、致裂压力与孔距进行了优化。

（5）详细介绍了顶板深孔爆破技术在余吾煤业有限责任公司 N2107 工作面坚硬顶板卸压的现场应用与水力压裂技术在余吾煤业有限责任公司 N2103 工作面坚硬顶板卸压的现场应用。

余吾煤业有限责任公司李钢、司广宏、郝军、王刚、张陈冰、畅磊朋、杨阳、黄磊、曹锦峰、关磊、张囝等为本书研究内容做了大量工作，在此一并表示感谢。

本书研究中参考了大量文献，在此向所有资料的作者表示衷心的感谢。

限于作者水平，书中难免有不妥之处，敬请读者批评指正。

作　者

2023 年 12 月

— 目　录 —

1　绪论 ·· 1
　　1.1　顶板深孔爆破切顶卸压国内外研究现状与展望 ············· 1
　　1.2　水力压裂技术研究现状 ·· 4
　　1.3　展望 ··· 12

2　爆破在煤矿坚硬顶板卸压中的施工设计方法 ················· 14
　　2.1　力学机理 ·· 14
　　2.2　应用类型 ·· 17
　　2.3　爆破参数 ·· 21
　　2.4　施工工艺 ·· 26

3　水力压裂在煤矿坚硬顶板卸压中的施工设计方法 ·········· 33
　　3.1　水力压裂在初采初放中的施工设计 ························· 33
　　3.2　水力压裂在末采卸压中的施工设计 ························· 42
　　3.3　水力压裂在沿空留巷中的施工设计 ························· 46
　　3.4　水力压裂在煤矿坚硬顶板卸压中的适用性分析 ········· 50

4　爆破的优化设计和施工效果分析 ······························· 52
　　4.1　爆破在煤矿坚硬顶板卸压中的监测方法 ·················· 52
　　4.2　爆破数值模拟方案设计 ·· 56
　　4.3　爆破卸压参数优化分析 ·· 61
　　4.4　工作面胶运顺槽爆破切顶卸压效果分析 ·················· 81

5 水力压裂优化设计和施工效果分析 ················ 87

　　5.1 水力压裂数值模拟方案设计 ················ 87

　　5.2 水力压裂参数优化分析 ················ 88

6 爆破与水力压裂现场应用案例 ················ 105

　　6.1 爆破在煤矿坚硬顶板卸压中的应用案例 ················ 105

　　6.2 水力压裂在煤矿坚硬顶板卸压中的应用案例 ················ 115

参考文献 ················ 120

1 绪 论

1.1 顶板深孔爆破切顶卸压国内外研究现状与展望

顶板深孔爆破是坚硬顶板切顶卸压的常用技术。其通过钻孔方法,将炸药埋入顶板之中并引爆炸药,以爆炸的方式将顶板切断,促使顶板提前冒落,防止形成大面积悬顶,从而达到防治冲击地压的目的。国家标准《冲击地压测定、监测与防治方法 第 13 部分:顶板深孔爆破防治方法》(GB/T 25217.13—2019)[1]中给出了顶板深孔爆破术语和定义、设备、工具与材料、防治方法应用及参数、爆破工艺、安全要求及卸压治理效果检验等标准,为顶板深孔爆破设计提供了参考,工程技术人员可在此基础上进一步考虑具体的地质条件和施工环境来进行实际设计。国内外学者针对深孔爆破防治冲击地压的卸压改性机理、适用地质条件、爆破参数优化、防治效果监测开展了研究。

1.1.1 深孔爆破卸压改性机理

在深孔爆破防治冲击地压的卸压机理方面,齐庆新等[2]采用数值模拟和现场实践探讨了深孔断顶爆破防治冲击地压的作用机制。深孔断顶爆破能够从根本上改变煤岩体的应力分布状态,显著降低爆破有效范围内煤岩体中的应力峰值水平,对具有冲击危险的区域起到较好的卸压作用。现场实践发现深孔断顶爆破后周期来压明显,降低了冲击危险性。赵善坤[3]提出了顶板深孔预裂爆破力构协同防冲机理,深孔预裂爆破通过强力冲击动态破岩作用、爆生气体气楔作用和热交换回弹拉伸作用对顶板进行损伤破坏，形成岩层结构破断弱面，具有弱化顶板岩层介质力学属性和优化岩层破断结构的双重作用。进一步的，赵善坤[4]对比了深孔预裂爆破与定向水压致裂的防冲效果以及应用类型，发现深孔预裂爆破具有组织时间短、防冲效果见效快的特点，适用于冲击危险区域的应急解危。Wojtecki 等[5]指出了在顶板岩层中实施深孔爆破是预防冲击地压的有效方法，可以减少岩体的局部应力集中和破坏顶板岩石，以防止或尽量减少高能量震动对挖掘的影响，该技术在波兰被指定为煤矿主动预防冲击地压的主动形式。韩刚等[6]在鄂尔多斯深部矿井，采用深孔预裂爆破技术进行了沿空巷道上覆岩层动力显现的防治，相比非爆破区域，爆破后爆破孔装药区微震事件频次和能量明显显著减少，爆破前的峰值区消失，证明了深孔预裂爆破可降低沿空巷道静载集中程度。Vennes 等[7-8]在铜崖矿开展了大规模顶板爆破卸压试验，使诱发的主应力偏离相关区域来降低矿柱冲击倾向性，削弱待开采矿柱的应力集中。研究发现顶板爆破在各向异性应力下导致裂缝沿主应力方向扩展，阻碍该方向的应力消除作用。

1.1.2　深孔爆破参数与方法优化

在坚硬顶板深孔爆破参数优化方面，刘黎等[9]开展了深孔断顶爆破卸压钻孔间距优化研究，结果表明，随着钻孔间距的增大，钻孔间裂隙发育长度、发育密度、孔隙度具有减小趋势，最终确定了预裂爆破钻孔合理间距为 5 m。陈学华等[10]在工作面开切眼开展了深孔爆破卸压技术，通过数值模拟对比了一字非等长钻孔和三角形钻孔两种布孔方案，证明了三角形布孔能更充分地利用爆炸能量。

在爆破方法方面，许多学者将优化深孔爆破与多种卸压方法组合用于防治冲击地压。潘俊锋等[11]将深部开采覆岩结构特征研究向冲击地压防治技术延伸，提出冲击地压动静载分源治理方法，针对"F"形顶板悬臂断裂造成的动载荷源进行深孔预裂爆破，针对巷道两帮煤体中垂直应力集中进行煤层爆破卸压，针对巷道底板高水平应力进行底板爆破，阻断其推动底板作用。该方法能够实现深部强冲危险工作面安全回采。鞠文君等[12]提出以错峰调压＋爆破切顶＋强力支护为核心的急倾斜特厚煤层分层同采巷道冲击地压控制方法,其中深孔预裂爆破控制上覆岩层悬臂梁的结构形态,使已回采区基本顶冒落处于人为可控状态,主动切断已回采区与待采区之间基本顶的连续性,减弱顶板围压与煤层内部应力集中程度。欧阳振华[13]以复杂地质条件和开采条件影响的强冲击危险性矿井为研究对象,提出在顶板、底板和煤层实施多级爆破卸压技术防治冲击地压灾害。研究结果表明,多级爆破卸压技术通过切断顶板、底板和煤层之间的应力传递通道,使煤层中的高应力区向深部转移,降低了工作面冲击危险。Wang 等[14]提出了崩落开采、深孔爆破、大直径钻孔等措施防治冲击地压,在兴安煤矿 11-2 工作面硬顶板岩层开展了现场试验,采取防治措施后,出现了明显的地震渐进发展特征,后续开采通过微震检测验证了防治措施的有效性。

1.1.3 复杂条件下爆破工程实践

深孔爆破在各类复杂坚硬顶板中具有广泛适用性。张俊文等[15]在防治低位厚硬岩层垮落诱发冲击地压的工程实践中,对采空区侧应力峰值分布集中的煤柱区域进行了断顶卸压技术比选,考虑施工巷道围岩损伤严重、裂隙发育显著的区域,采用深孔预裂爆破技术促使巷道上覆悬顶岩层及时垮落。李新华和张向东[16]针对浅埋倾斜煤层地质条件,研究得到坚硬直接顶周期破断增加了工作面冲击地压危险,提出直接顶深孔预裂爆破的冲击地压防治措施,增大直接顶超前工作面煤壁破断距离,微震监测结果显示深孔预裂爆破有效降低了冲击地压风险。Wang 等[17]针对神东矿区浅埋深煤层的顶板厚度大,易导致大面积顶板沉陷的问题,采用了深孔预裂爆破控制顶板崩落技术。通过数值模拟给出了高能爆炸应力波对岩石应力场和破裂范围的影响,并对爆破参数进行了优化,现场实践表明,工作面初次来压长度 17.4 m,既未出现液压支架压坏,也未出现工作面严重顶板沉陷。Ning 等[18]针对双层厚硬顶板瞬时断裂会造成巷道失稳、岩爆、液压缸损坏等诸多问题,利用微震监测技术对顶板采动致裂和移动进行了研究,确定了受顶板破裂影响的构造特征,采用了合适的深孔预裂爆破技术,削弱双层硬厚顶板的强度和质量,保证了工作面开采顺利。Konicek 等[19-20]在捷克和波兰共同拥有的上西里西亚煤田进行了冲击地压防治分析,通过对煤层间岩体的分析发现,煤层中存在坚固块状砂岩和砾岩地质,室内测试得到煤层具有储能特性,因此在工作面两顺槽上覆岩层进行了超前深孔爆破,系统应用深孔爆破技术后,300 m 长工作面的煤层顺利推采,没有发生冲击地压。

1.1.4 深孔爆破防治效果监测

王涛等[21]分析了坚硬悬顶下临空煤柱多发冲击地压的原因,原强制放顶不到位造成煤柱两侧形成坚硬长悬板,形成了诱发煤柱冲击失稳的能量来源。制定了开展深孔预裂爆破断顶卸压的解危方案,电磁辐射、矿压和微震等监测数据显示,深孔预裂爆破后煤帮电磁辐射强度降低约 68%,单体液压支柱应力降低约 20%,钻孔应力降低约 80%。顾合龙等[22]采用电磁辐射法对卸压爆破进行监测,现场试验表明,电磁辐射指标尤其是强度指标可以有效反馈爆破卸压前后的弹性能变化规律。Caputa 等[23]通过收集爆破前后的微震测试数据,发现爆破后的地震活动表现出统计规律特征。苏振国等[24]针对煤柱侧坚硬顶板条件易引起冲击地压的问题,采用全断面裂隙窥视方法对爆破前后顶板进行裂隙检测,确定了深孔爆破位置以及岩层层位,优化了爆破参数的选取,优化的顶板深孔爆破起到了较好的卸压作用。

1.2 水力压裂技术研究现状

水力压裂技术最早用于提高油气产能,早在 20 世纪 40 年代末 Stanolind 油气公司首次将水力压裂技术应用于石灰岩地层中的堪萨斯 Hugoto 气田的天然气开采。在 1949 年,哈里伯顿固井公司申请了水力压裂技术的专利权[25]。随着技术发展,水力压裂技术得到迅速发展并应用于煤炭开采领域,在地应力测试和顶板压裂卸压等方面应用较多。在 1970 年的美国,工程师首先将水力压裂技术用于油气田中的地应力检测,随后该技术在德国、日本、瑞典等国家得到广泛应用。到了 20 世纪末,水力压裂技术在煤矿领域得到广泛应用,尤其是在煤矿井下坚硬顶板控制方面,水力压裂技术展现出其优势。

我国对水力压裂的研究始于 1965 年首次将水力压裂技术应用于煤矿瓦斯抽采领域,并取得显著效果;20 世纪 70 年代末,我国地壳应力研究所进行了水力压裂技术的研究和实地检测,此后该技术在石油开采领域和水利水电工程中得到推广和应用[26];在 80 年代,又在地面垂直钻井进行水力压裂试验并取得进一步效果;随着技术的传播和研究[27],直至 90 年代,水力压裂技术已逐步成熟并大范围在煤矿领域实施。近年来,我国对水力压裂机理与参数、压裂机具与设备、压裂效果检测等一系列技术问题进行了集中攻关[28-31];研究成果已在晋城、潞安、神东、伊泰、神南等矿区得到应用,取得了良好效果。此外,中国矿业大学等单位也开展了水力压裂技术研究,并将其成功应用于坚硬顶板控制及冲击地压防治[32-33]。

1.2.1　水力压裂技术的应用领域

水力压裂技术起源于油气开发领域,随着技术的不断发展和创新,水力压裂在煤层气开采、地热能开发、瓦斯抽采和地应力测量等领域也都有着广泛的应用。

断层对页岩气储层压裂改造有重要影响,甚至诱发深部地震事件和近地表环境问题。研究者通过建立多物理场耦合数值模型,研究了储层水力压裂过程中断层以及封闭顶板中水力破坏区域的产生与演化机理,以及分析讨论了流体沿高渗通道运移扩散机理[34]。

以水平井为主要井型、实现压裂后井间干扰提产是规模化开发深部煤层气资源的主要途径,但是面临着不同煤层气地质条件下的储层改造技术适应性差的困境。以常规油管分段射流水力压裂技术为基础,研发了常规油管带压拖动分段水力压裂新技术,通过现场试验发现新技术具有减小储层伤害、节约作业成本、提高压裂效率、增强压裂稳定性的优势[35]。

多井 EGS 中深部地热能的开发涉及双孔隙应力场和渗流场的耦合作用,研究者通过建立的三维热-水-力耦合数值模型能够模拟双孔隙和裂缝介质中的水力压裂和热提取,确定了水平井系统中拉伸型水力裂缝的扩展行为和可能的水力裂缝构型,为多井 EGS 的发展提供了支持[36]。

对于那些"三软"煤矿区,瓦斯低渗难抽问题一直存在。研究者通过引入定向水力压裂技术并结合 ABQUS 软件建立的滑动构造带三维非线性流固耦合水力压裂模型,发现水力压裂大幅度地改善了"三软"煤层低渗性能,可有效提高煤层的透气性和瓦斯抽采效果[37]。

水平定向勘察是不同于传统(垂直)岩土工程勘察的另一种方法,它能有效地反映沿轴线方向的地质条件,评价超长距离、超深山区隧道的工程特性。研究者基于水力压裂地应力测量方法,通过数值研究、现场试验和对倾斜钻孔模型的改进,建立了水平钻孔中地应力方向、大小与水力压裂参数之间的关系[38]。

1.2.2 水力压裂技术在坚硬顶板卸压中的应用现状

1.2.2.1 理论研究

在进行水力压裂设计时,岩体中裂缝的产生和扩展路径、压裂过程中岩石地应力及天然裂缝等因素对压裂施工效果均具有显著影响,因此研究者提出了各种不同的水力压裂理论计算模型。

水力压裂技术中的经典理论模型最早出现于 20 世纪 50 年代,随着美国大规模开采页岩气而逐渐发展[39]。其中 Perkins 等[40]于 1961 年提出了 PK 裂缝扩展模型,在该模型的基础上,Nordgren[41]于 1972 年建立了 PKN 经典理论模型,PKN 模型相对于 PK 模型来说,不仅可以考虑压裂液的滤失参数,还可以对其黏度和流量进行定量分析。不过 PKN 模型同样是以平面应变模型为基础,模型中裂缝在垂直方向呈椭圆形,裂缝的高度不变,因此,该模型只能对裂缝高度小于裂缝长度的模型进行分析。Khristianovich 和 Zheltov[42]提出了 KGN 理论模型,该模型是一个二维垂直裂隙扩展模型,裂缝在垂直方向上的扩展范围远大于水平方向,它也是以平面应变条件为基础。

上述两种经典力学模型一致认为压裂介质仅作用在裂缝长度方向上,裂缝高度是固定不变的,进而裂缝扩展路径只沿裂缝的长度方向进行延伸,并认为岩层是均匀、连续和各向同性的模型。因此,PKN 和 KGN 模型都只能用于解决均质岩层中的形状规则的裂隙扩展问题[43]。

P3D 模型是根据 PKN 模型扩展出的一种伪三维模型,该模型认为裂缝在三维空间不发生扩展,并且认为裂缝扩展高度在裂缝长度方向上是可以变化的,可以解决多分层、不同围压条件的裂缝扩展问题。Simonson 等[44]改进了 PKN 模型,可将其用于解决多分层复杂压裂裂缝扩展问题,随后建立了平面三维 PL3D 模型。该模型采用二维三角形网格来表示裂缝破裂面,模型假定破裂面所在空间平面与压裂液流动所在平面相同,并且认为三角形网格是随着破裂面的扩张而移动的。不过上述模型仅能求解平面内的裂缝扩展分析,无法解释受地应力、压裂方向等影响而导致的裂缝转向扩展现象。

Hubbert 等[45]经过工程实践研究,认为无论压裂液体是否渗入岩体内,裂纹的起裂方向总是与最大主应力方向一致。Sneddon 等[46]基于线弹性理论,研究了静压荷载条件下裂缝的应力场和压力分布情况,得出最大裂缝宽度与静压力成正比及椭圆形裂缝体积计算公式。姜浒等[47]采用弹性力学的方法研究了射孔和不射孔对破裂压力、起裂方向和延伸过程的影响。Ito[48]和黄炳香等[49]针对顶板水力压裂裂缝扩展特性的研究表明,地应力易影响水力裂缝的空间转向,同时分析了采动应力、压裂工艺等对裂纹扩展的影响。高帅[50]采用最大周向应力理论以及最大拉应力破坏准则为理论判据,研究了水力裂缝扩展路径中可能与不同形态的天然裂缝交汇的问题,分析了天然裂隙和压裂裂缝的相互作用,完善了水力裂缝穿透天然裂隙的判据。

水力压裂技术涉及学科非常广泛,如岩石力学、断裂力学和渗流力学等力学理论学科。理论研究应该扩展到这些学科领域,目前研究尚有不足。

1.2.2.2 试验研究

水力压裂室内试验是一种常用的研究水力裂缝扩展问题的方法。通过这种试验可以得到岩体的本构关系、地应力与水力裂缝的关系、裂缝扩展形态以及储层岩体天然裂缝对水力裂缝的影响等方面的丰富结果。国内外学者在这方面都取得了不小的成果。

水力压裂最初是通过平板裂缝扩展试验来进行研究的,主要基于压裂液与材料在裂缝尖端的相互作用原理来展开研究。目前研究该问题主要采用连续介质力学原理。国外,1989 年 Blair 等[51]通过真三轴试验研究了水力裂缝在单一水泥试块以及不同岩性界面上的起裂和扩展特征。Ito 等[52]通过室内三轴水力压裂试验,获得了裂纹扩展过程中裂缝宽度与岩石中孔隙水压力之间的关系。Hock 等[53]通过硬砂岩三轴水力压裂试验观测发现,低渗透岩石压裂过程会产生放射状的裂缝分布形态。Casas 等[54]通过压裂试验方法分析了岩石材料的不连续性对裂缝起裂方向与止裂特性的影响,研究表明,在不同岩石材料的交界面多发生裂缝止裂特征,在硬度较高的交界面则不会出现。Da Silva 等[55]通过室内实验研究了花岗岩两条预制水力裂缝之间的相互作用,重点研究了施加的(原位)垂直应力对裂缝扩展形态及起裂压力的影响。Athavale 等[56]利用人工制备的层状复合砌块、均质水泥砌块,研究了压裂过程裂缝面形态,研究结果发现均质岩石的裂缝分布呈两个翼状平面分布,复杂的裂缝面形态在非均质的岩石内部产生,裂缝面在材料交界处会发生偏转。

国内,2000 年,陈勉等[57]采用大尺寸真三轴模拟试验系统模拟地层条件,研究了岩体水力劈裂裂纹的走向及裂纹宽度的影响因素。随后几年里,邓广哲等[58]采用地应力场控制下水压致裂的方法,研究了水压裂缝扩展行为的控制参数。杨红伟等[59]采用标准砂岩试样研究了砂岩在单轴压缩条件下的水压-应变水压体积曲线变化特征,通过微观破裂与宏观水力裂缝的对比分析,得出拉伸变形与剪切变形都将伴随砂岩水力压裂的过程而产生的结论,同理水力裂缝中也将产生拉伸裂缝以及剪切裂缝两种形式。蔺海晓等[60]为了研究岩石的致裂机理,利用伺服岩石力学实验系统对试件进行了伪三轴水压致裂实验,结果表明,裂缝总是沿地应力最大的方向扩展,但是常规三轴水压压裂不能真实地模拟岩层原位应力的状态,不能得到真三轴应力状态下地应力对压裂裂缝的影响。为了研究真实地应力状态下岩石的扩展机理,张帆等[61]采用大尺寸真三轴试验系统,对大尺寸岩石进行了水力压裂试验。通过剖切压裂试样描述了水力裂缝扩展和空间展布规律,分析了裂缝宽度与应力之间的关系,并初步探讨了岩石水力裂缝网络的形成机制。黄炳香[62]采用自主研制的大尺寸 4 000 kN 真三轴流压致裂、渗流、瓦斯驱赶、水力割缝一体化实验系统,揭示了岩石水压致裂的机制与裂缝扩展规律,分析层面、原生裂隙等对水压裂缝扩展的影响规律,揭示采动岩体水压致裂的时空关系及确定方法,最终形成坚硬顶板水压致裂控制的理论体系。

然而,室内实验成本高且试样往往不能完全反映地下储层的真实状态,而且每次实验获得的结果有限。但它们能为理论模型和数值模拟技术提供结果验证。此外,室内实验还存在一些局限性,比如试样尺度问题、岩层中压裂液流动问题、水力裂缝形态观察问题以及处理复杂裂缝网络问题。关于水力压裂试验,多数水力压裂试验都是在简化应力条件下进行的。无论是在浅部岩层还是深部岩层,压裂过程中地应力的变化都会影响岩石的裂缝扩展。这些研究可以为压裂工程提供一定的参考。需要注意的是,不同的地质条件和实验设定可能会产生不同的影响和结果,更详细的研究和实验可以进一步深入探讨这些影响。

1.2.2.3　数值模拟

随着数值模拟软件的快速发展和普及应用,借助计算机的强大算力,数值模拟方法成为研究水力压裂技术的重要手段。学者们主要基于有限元、离散元、位移不连续等方法建立水力压裂的三维数学模型。

张汝生等[63]、龚迪光等[64]采用有限元软件 ABAQUS 研究了耦合矩阵方程,模拟了水力裂缝的扩展过程。彪仿俊[65]采用 ABAQUS 的用户子程序使用渗流耦合模块以及黏聚力单元分析了横向裂缝的起裂机理和扩展过程,并且分析了多种参数对水力裂缝扩展的影响。王利等[66-67]利用 ANSYS 软件,通过骨架黏聚断裂损伤与断裂传播机制的耦合匹配,建立水力压裂应力扰动理论模型,揭示了 RVE 应力扰动的细观机理,利用变形相容关系和孔弹性理论建立水力压裂应力扰动表达式。黄炳香等[68]以断裂力学为基础,运用 RFPA 软件研究了二维平面水力裂缝扩展机制,揭示了二维模型裂缝扩展特征。张超超等[69]以新巨龙煤矿为工程背景,通过 RFPA 数值模拟软件对特厚煤层的水力压裂防冲参数与防冲机理进行了研究,得出水力压裂参数之间的相互影响关系,并以此确定出水力压裂的具体参数设置。

XFEM 扩展有限元可以较好地模拟裂隙扩展的随机性。师访等[70]应用扩展有限元方法(XFEM),分析了岩石二维断裂扩展问题,采用相互作用积分法分析了裂纹扩展过程中的应力强度因子变化,并以周向应力理论为判定准则判断裂缝扩展的方向。FLAC3D 是一款基于连续介质理论和显式有限差分方法开发的软件。林志斌等[71]以隆德煤矿为背景,采用 FLAC3D 建立其末采数值模型,研究了水力压裂对工作面末采矿压显现规律的影响,并根据水力压裂前后岩体的力学变化特征,对比分析了有无水力压裂对末采悬顶长度以及矿压的影响。

Ghaderi 等[72]采用离散元法(DEM)研究了水力压裂裂缝和自然裂缝在压裂过程中的相互作用关系。吴拥政等[73]采用 UDEC 离散元数值模拟软件模拟分析了水压致裂造成裂隙扩展的条件,并研究了钻孔围岩性质、注入水压力以及地应力等对水力压裂的影响关系。XSite 软件是以晶格点为基础单元的三维水力压裂模拟软件,可进行不同尺度以及多种参数的水力压裂三维模拟分析,可视化效果较好。张丰收等[74]采用离散晶格法为基础的XSite软件建立三维水力压裂模型,研究了排量、注液方式以及压裂液黏度等参数对裂缝扩展的影响,实现了三维水力裂缝扩展的可视化研究。颗粒流(Particle Flow Code,PFC)软件以球体颗粒之间的弹簧的破断来模拟模型所产生的开裂与滑移,以球体颗粒作为岩石材料的微观结构,可以较好地开展不同岩石材料、不同节理特性以及不同天然裂缝参数对水力裂缝扩展规律的影响研究[75]。吕天奇[76]建立了颗粒流水力压裂模型,研究了岩体在不同压裂参数和不同预置裂隙情况下的裂缝扩展规律。

位移不连续法(DDM)的计算方法是将模型假设为平面应变模型来处理,将断裂韧性、弹性模量以及泊松比作为已知参数进行赋值计算,将模型基质设置为无渗透性材料,将牛顿流体作为渗透介质。Zhang 等[77-78]开发了基于DDM的二维水力压裂模型,天然裂缝面上的摩擦应力通过库仑摩擦定律计算,认为闭合状态下的天然裂缝具有较低的流体渗透率,解决了滑移和流体滞后的问题。Chuprakov 等[79]利用该方法,引入摩尔-库仑准则,研究了天然裂缝对压裂裂缝起裂和扩展的影响。Mc Clure 等[80]通过 DDM 建立了一个水力压裂裂缝与天然裂缝相交的网络模型,其考虑了天然裂缝的类型、流体流动、岩石变形应力阴影效应,模拟了裂缝的起裂和扩展行为。Weng 等[81]利用 DDM 对水力压裂裂缝的变形和扩展进行数值模拟,得出水力压裂裂缝与天然裂缝相交受地应力和压裂参数影响的结论。

上述数值模拟的软件或程序由于计算量和理论方法的限制也只能针对小尺度进行模拟分析,并且使用过程中的参数难以与实际场地的工程参数匹配。虽然这些模型对裂隙力学行为的刻画较为精细,但是受限于目前的计算能力。

1.2.2.4 监测方法

为进一步研究水力压裂岩体破裂机理,探索岩体破裂的宏细观破裂特征,明确水力压裂过程裂缝起裂、扩展、转向和延伸过程中的破裂机理,观测和记录岩体水力压裂微裂缝的萌生与宏观裂缝的起裂、扩展、转向和延伸规律是研究的必要手段。

水力压裂物理模拟试验中监测裂缝扩展最常用的方式是示踪剂观测与

声发射监测。得益于光学监测技术的快速发展,水力压裂监测方式日趋多样化,诸如光纤光栅、CT 扫描、高速摄像和 DIC 技术等。

压裂完成后,通过观测示踪剂可方便地确定裂缝形态及扩展范围,其缺点是不能实时观察裂缝扩展过程。Hampton 等[82]提出了一种利用声发射三维定位信息生成破裂面的新方法,并与试验后的断口轮廓进行了比对,验证了其方法的可行性,但是这种方法只适用于破裂面少、定位事件集中,且裂缝面有固定的起始方位的条件下。Ishida[83]通过观测花岗岩水力压裂过程中声发射定位信息和对应的波形,发现矿物晶体颗粒越大,剪切裂缝所占比例越高,使用粘油做压裂介质时相较于纯水更易发生压破坏裂缝。Lei 等[84]通过研究煤层与岩层交界面的压剪特性,发现其观测到的声发射信号的能率变化和加载曲线的趋势一致,且剪切强度与结构面的粗糙度、法向应力有关。侯振坤等[85]则将声发射监测与示踪剂观测技术结合,能更加全面地监测裂缝扩展过程。

杨潇等[86]在压裂物理模拟试验中,采用光纤光栅应变传感器对多个水力裂缝宽度的变化进行动态监测。Da Silva 等[55]在单轴加载压裂试验中,采用高分相机与高速摄像记录裂缝的实时扩展过程。Al Tammar 等[87]则结合高分相机与 DIC 技术分析裂缝的扩展情况。Kear 等[88]在试样与加载框架间加入透明垫块,并在垫块内部放入摄像机,实现了三轴加载条件下,对水力压裂裂缝扩展过程的直接观测。室内物理模拟试验压裂监测的另一个特点是日趋精细化,Guo 等[89]对压裂后的岩样进行多层 CT 扫描,Wang 等[90]利用白光干涉扫描仪、Li 等[91]利用 3D 激光扫描仪,对压裂后的裂缝表面进行扫描,实现了对裂缝影响范围和裂缝表面几何形态的精确刻画。针对声发射定位精度较差的问题,Bunger 等[92]采用纵波超声波对裂缝扩展过程进行连续监测,裂缝扩展范围的监测精度进一步提高。

工程中目前国内外采用的压裂裂缝监测方法主要有大地电位法[93]、井温测量法[94]、同位素示踪监测法[95]、微震监测法[96-98]等。大地电位法是在井的周围布置一个很强的人工直流电场,以压裂井井口为中心在其周围布置几个环形测网,充分利用压裂液与地层之间的电性差异性所产生的电位差,采集高精度电场数据,经精细处理和对比压裂前后的电位变化,推断和解释压裂裂缝的方向和长度[93]。井温测量法是利用压裂所注入的液体或压后人为注入的液体所造成的低温异常,根据井温测井确定压裂裂缝高度。同位素示踪监测法是通过研究气体或液体流动踪迹及其规律,从而研究压裂裂缝导流能力和煤层渗透率的技术,特别是对人员不易到达区域流体的流动规律研究具有独特的优越性。微震监测法是通过振动波来监测压裂裂缝分布规律的一种监测方法,近几年来在压裂评价中取得较好的效果,能够对岩石产生裂缝的特征参数进行监测。

此外,相关从业者通过电磁法对水力压裂过程进行监测。La Brecque 等[99]使用导电性和磁性支撑剂进行了浅层电磁法压裂监测试验并取得了成功。Ground Metrics 公司通过使用导电性支撑剂,实现了对水力压裂裂缝的直接成像。He 等[100]通过实验室标本测定、数值模拟以及实测数据试验等方法,论证了使用音频大地电磁法(AMT)进行水力压裂监测是可行的。Wang 等[101-102]将广泛应用于常规油气勘探的时频电磁法应用到页岩压裂监测,并证明了其可行性。Yan 等[103]从岩石物理特性、数值模拟和现场试验等方面充分研究了使用地面连续时域电磁法监测页岩压裂的应用效果,电磁法在压裂监测中展示出巨大的应用潜力。

由于岩体结构的复杂性与不可入特性,实时监测岩体压裂动态一直是困扰水力压裂研究工作的难题。

1.3　展望

水力压裂技术主要应用在顶板岩石强度和弹性模量高、节理裂隙不发育、厚度大、整体性强、自承能力强、煤层开采后大面积悬露在采空区短期内不垮落的坚硬顶板中。然而,其并不适宜在透水型地质构造运用,因为高压水进入该构造会导致巷道垮落;顶(底)板岩石强度低、碎裂及遇水易膨胀煤层亦不适用水力压裂。对于深部煤矿来说,其存在着较高的地应力,相应的需要高起裂压力,这就要求压裂设备具有较高的压力和流量,压裂泵持续的高压力和流量运转势必会对人员、设备造成极大的安全隐患。

传统的水力压裂设备还存在不足,切槽工具需要反复推进,操作烦琐,影响压裂效率;另外,过程容易出现脱落事故,存在危险性,需要使用防冲装置。因此,需要对传统设备进行改进优化,实现水力压裂装备一体化和智能化,水力压裂现场实时监测、参数自主优化、压裂远程监控及操作。

水力压裂在煤矿领域中的应用,针对压裂裂纹扩展力学模型的研究比较多,关于切顶卸压力学模型的研究比较少,并且水力压裂预裂顶板实现应力转移的机理研究还不够深入。

水力压裂技术目前尚未形成一套标准的理论和完整的指导方针。因此,水力压裂预裂顶板的施工通常基于工程经验,缺乏必要的理论指导,导致参数设计的随意性和主观性较强。实际应用中,压裂效果也存在时好时坏的情况。同时,对预裂顶板效果的观察和评价也不够充分。为了更科学、合理地确定水力压裂预裂顶板的参数,未来有必要通过理论研究、参数计算与现场工业试验结合建立一套规范标准。

2 爆破在煤矿坚硬顶板卸压中的施工设计方法

2.1 力学机理

顶板深孔爆破是通过在工作面顺槽或切眼向煤体上方坚硬顶板高应力集中区打孔并实施爆破。作为一种在无自由面的爆破形式,其爆破作用仅发生在岩体内部,其所在的顶板岩层是无限岩体介质。

2.1.1 爆破破岩机理

岩石爆破破坏分区及力学机理如图 2-1 所示。爆破发生时,炸药激起的爆轰波到达孔壁岩石形成冲击波,冲击波开始压缩岩体做功并透射至岩体中,当冲击波强度大于岩体动态抗拉强度时,发生岩体粉碎破坏,形成粉碎区;随着冲击波强度在岩体中的衰减变为应力波,应力波不再引起压缩破坏,在切向应力下会出现岩体拉伸破坏形成径向裂隙,径向应力在岩体中积聚弹性能,随着弹性能释放形成卸压拉伸波,产生环向裂隙,径向裂隙与环向裂隙相互交错贯通形成裂隙区;炸药爆炸形成爆生气体滞后于应力波作用,在初始裂隙已经形成的情况下,爆生气体的楔入作用侵入裂隙网促进裂隙进一步张开与延伸。

由爆破破岩机理[104]可知,深孔爆破破坏范围由爆炸应力波形成的裂隙区以及爆生气体形成的裂隙二次扩展组成。在爆炸应力波作用破岩过程

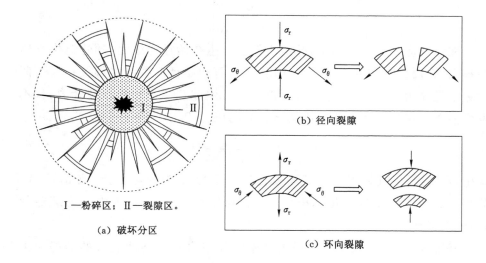

I—粉碎区；II—裂隙区。

（a）破坏分区

（b）径向裂隙

（c）环向裂隙

图 2-1 岩石爆破破坏分区及力学机理

中,炸药爆炸后,产生的平均爆轰压力 P_a 为:

$$P_a = \frac{1}{8}\rho_0 D^2 \tag{2-1}$$

式中,ρ_0 为炸药的密度,D 为炸药的爆速。

爆炸应力波在岩体中传播衰减,岩石内某一点受到的环向拉应力 σ_θ 为:

$$\sigma_\theta = \frac{\mu}{1-\mu}P_a\left(\frac{r_1}{r_b}\right)^{-\alpha} \tag{2-2}$$

式中,r_1 为岩石内一点距爆破孔中心点的距离;r_b 为装药半径;α 为应力波在岩石中的衰减指数,$\alpha=2-\mu/(1-\mu)$;μ 为岩石泊松比。

在爆炸应力波作用下,岩石的动态抗拉强度随加载应变率变化而变化,岩石动态抗拉强度 σ_{td} 与加载应变率 ε 之间的关系为:

$$\sigma_{td} = \sigma_t\sqrt[3]{\varepsilon} \tag{2-3}$$

式中,σ_t 为岩石静态抗拉强度。

当爆破孔壁上任一点环向拉应力大于岩石的动态抗拉强度时,产生初始径向裂缝,即:

$$\sigma_\theta > \sigma_{td} \tag{2-4}$$

由此得到岩石初始径向裂缝长度:

$$R_{\mathrm{t}} = \left[\frac{\mu P_{\mathrm{a}}}{(1-\mu)\sigma_{\mathrm{td}}} \right]^{1/a} r_{\mathrm{b}} \tag{2-5}$$

在爆炸应力波的作用下,孔壁岩石已产生初始径向裂缝,随着爆生气体的楔入,在爆生气体的准静压力作用下,岩石初始径向裂缝将继续扩展。假设爆生气体为理想气体,爆生气体仅存在于爆破孔体积和岩石裂缝内,且不发生渗透。爆生气体膨胀充满爆破孔时的压力 P_{b} 为:

$$P_{\mathrm{b}} = P_{\mathrm{a}} \left(\frac{V_{\mathrm{a}}}{V_{\mathrm{b}} + V_{\mathrm{c}}} \right)^{\gamma} \tag{2-6}$$

式中,P_{b} 为爆生气体膨胀充满爆破孔时的压力;γ 为绝热指数,取 3;V_{a}、V_{b} 分别为装药体积和爆破孔体积;V_{c} 为裂隙体积,$V_{\mathrm{c}} = nu_{\mathrm{t}}$,其中 n 为裂隙数量,u_{t} 为裂隙宽度。

基于厚壁圆桶理论,计算得出爆生气体在岩石中逐渐衰减的准静压力 P_{r} 为:

$$P_{\mathrm{r}} = P_{\mathrm{b}} \left(\frac{r_1 + r_2}{r_{\mathrm{b}}} \right)^{-a} \tag{2-7}$$

式中,r_2 为岩石内一点距爆破孔中心的距离与岩石初始径向裂缝扩展长度的差值。

爆生气体楔入裂隙属于张开型裂隙。在准静压力的作用下,径向裂缝尖端应力强度因子 K_{I} 为:

$$K_{\mathrm{I}} = P_{\mathrm{r}} F \sqrt{\pi(r_1 + r_2)} + \sigma \sqrt{\pi r_2} \tag{2-8}$$

式中,F 为裂缝尖端应力强度因子修正系数;σ 为岩石单元速度差引起的环向拉应力,由于残余环向拉应力 σ 远小于爆生气体压力,可忽略不计。

根据岩石断裂力学理论,当裂缝尖端应力强度因子小于岩石的断裂韧性时裂纹停止扩展。因此,岩石裂缝能够继续扩展的爆生气体压力需满足:

$$P_{\mathrm{r}} \geqslant \frac{K_{\mathrm{IC}} - \sigma \sqrt{\pi r_2}}{F \sqrt{\pi(r_1 + r_2)}} \tag{2-9}$$

式中,K_{IC} 为岩石的断裂韧性。

将 P_{r} 代入上式可得到爆生气体作用下裂缝扩展长度:

$$r_2 \geqslant \left(\frac{\sqrt{\pi} P_{\mathrm{b}} F r_{\mathrm{b}}^{a}}{K_{\mathrm{IC}}} \right)^{\frac{1}{a+2}} - r_1 \tag{2-10}$$

根据上述爆破应力波和爆生气体的裂隙长度,可以得到深孔爆破破坏范围为：

$$R = R_t + r_2 \qquad (2\text{-}11)$$

2.1.2 顶板卸压机理

顶板深孔爆破卸压机理如图 2-2 所示。卸压机理是对采场矿山压力影响显著的难垮厚硬岩层为目标,通过对厚硬岩层中下部应力集中区进行钻孔装药,借助爆破产生的强力冲击动载破岩作用以及爆生气体的气楔作用对顶板进行损伤破坏,改变爆破孔周围顶板岩体力学介质属性,降低岩体内部结构单元储能能力;爆破产生的强烈震动效应导致上覆岩层因自重应力和工作面采动应力叠加作用而产生变形,使得积聚在顶板岩体单元内部的弹性能释放,使完全厚硬顶板由高能级非稳定动态平衡状态向低能级的稳定平衡状态转变。此外,相邻爆破孔之间裂隙贯通,形成岩层结构破断弱面,根据顶板岩层结构力学效应,使其在矿山压力作用下沿预定位置弯曲破断,减小悬露顶板对煤体的挤压加持作用,破坏冲击地压发生的应力条件,进而实现冲击地压防治[105-106]。

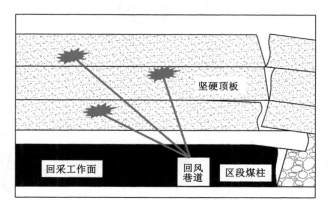

图 2-2　顶板深孔爆破卸压机理

2.2　应用类型

根据采场上覆坚硬顶板岩层、工作面巷道布置以及深孔爆破地点的时空相对关系,可以将顶板深孔爆破的应用类型分为超前顶板深孔爆破、回采初末期切眼深孔爆破、区段煤柱顶板深孔爆破三类。

2.2.1 超前顶板深孔爆破

2.2.1.1 基本原理

回采期间,根据工作面周期来压步距,在工作面超前支承压力影响范围的两顺槽内,超前工作面沿巷道走向朝工作面实体煤侧上方坚硬顶板施工爆破孔,增加顶板裂隙发育,促使其在超前支承压力作用下及时垮落,避免架后形成长距离悬顶挤压工作面煤体,缓解工作面冲击。其爆破孔布置形式如图 2-3 所示,工程实际应用时可以考虑爆破孔开孔方向与工作面推进方向相对,以期形成斜切下行破裂断面,利于顶板回转垮断。

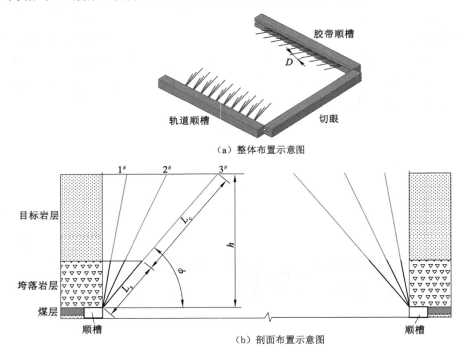

（a）整体布置示意图

（b）剖面布置示意图

图 2-3 超前顶板深孔爆破的爆破孔布置

2.2.1.2 实施步骤

（1）开展坚硬顶板冲击危险性评价,根据地质条件、采场设计采用综合指数法进行分析,辅助以微震监测设备、矿压监测设备等完成综合评价,研判工作面推采的冲击危险性,确定是否采用超前顶板深孔爆破计划。

(2)在工作面推采前或工作面设备安装期间,首先在两顺槽超前100～150 m范围内进行顶板深孔爆破。该区域应设计不同爆破参数的爆破试验方案,包括爆破孔间距、装药量、爆破孔角度和爆破孔布置形式。

(3)根据爆破试验逐步调整最优钻孔参数、装药参数、施工工艺等,采用爆破效果检测设备进行评价,尽早确定最优爆破参数。实施爆破试验期间,加强爆破区域的支护措施,包括布置单体支柱、为设备盖设炮被等。

(4)根据最优爆破参数,实施工作面两顺槽所有的顶板钻孔工作。完成两顺槽超前工作面100～150 m范围内的顶板深孔爆破后,工作面开始推采。

(5)工作面推采过程中,顶板深孔爆破实施超前工作面100～150 m以上。推采期间实时监测顶板压力显现特征,发现顶板压力预警及时采取顶板爆破、钻取卸压孔等应急解危方法。

2.2.2　回采初末期切眼深孔爆破

2.2.2.1　基本原理

针对工作面初末采期间,在工作面液压支架安装以前,利用切眼内的有利空间分别对工作面支架后方以及上下平巷端头附近顶板岩层进行爆破,人为制造裂隙以切断工作面顶板岩层与周边岩体的联系,促使其随着工作面的推进能够及时垮断,降低顶板初次来压的强度。当工作面进入末采阶段后,在主/辅回撤通道内向工作面方向施工顶板深孔爆破,改变停采线附近顶板结构力学效应,促使厚硬顶板在回撤通道外部及时断裂,降低回撤通道围岩压力,保证设备顺利回收。此外,由于停采线大多位于采区大巷附近,在回撤通道附近要切断采空区上方的悬露顶板,避免采场大范围覆岩空间结构压力拱脚作用于大巷,造成大巷变形破坏。其爆破孔布置形式如图2-4所示。

2.2.2.2　实施步骤

(1)开展坚硬顶板冲击危险性评价,根据地质条件、采场设计采用综合指数法进行分析,辅助以微震监测设备、矿压监测设备等完成综合评价,研判工作面推采后以及停采后的冲击危险性,确定是否采用回采初末期切眼

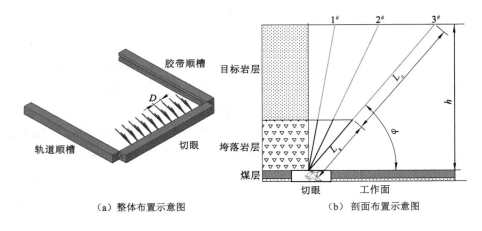

（a）整体布置示意图　　　　　　　　（b）剖面布置示意图

图 2-4　回采初、末期切眼深孔爆破的爆破孔布置

深孔爆破计划。

（2）回采初期，工作面设备安装前或超前工作面 6～10 m 掘进超前断顶巷，确保有足够的施工空间，在切眼或超前断顶巷内实施顶板深孔爆破。设计切眼内的顶板深孔爆破参数，适当开展爆破试验或开展数值模拟试验，调整最优钻孔参数、装药参数、施工工艺等。采用爆破效果检测设备进行评价，尽早确定最优爆破参数。实施爆破试验期间，加强爆破区域的支护措施。

（3）回采末期，工作面回撤前移动支架留出钻孔装药的施工空间，或未推采至停采线时，预先在停采线掘进回撤通道，为顶板深孔爆破提供施工空间。在回撤通道内实施顶板深孔爆破。设计顶板深孔爆破参数，适当开展爆破试验或开展数值模拟试验，调整最优钻孔参数、装药参数、施工工艺等。采用爆破效果检测设备进行评价，尽早确定最优爆破参数。实施爆破试验期间，加强爆破区域的支护措施。

（4）根据最优爆破参数，实施切眼内的顶板钻孔工作。完成切眼内的顶板深孔爆破后，工作面开始推采或回撤。

2.2.3　区段煤柱顶板深孔爆破

2.2.3.1　基本原理

针对重复采动巷道或临采空区巷道，为了避免采空区悬露顶板回转挤压煤柱,造成煤柱应力集中而形成冲击,在巷道肩窝处向煤柱上方厚硬顶板进行预裂爆破,促使采空区侧向顶板在煤柱外侧或靠近采空区侧破断,减小侧向悬露顶板对煤柱的夹持挤压应力,降低煤柱应力集中程度,避免煤柱型冲击地压发生。其爆破孔布置形式如图 2-5 所示。

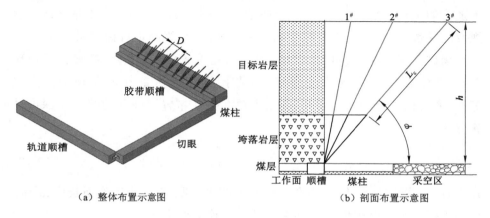

（a）整体布置示意图   （b）剖面布置示意图

图 2-5   区段煤柱顶板深孔爆破的爆破孔布置

2.2.3.2   实施步骤

（1）开展坚硬顶板冲击危险性评价,根据地质条件、采场设计,采用综合指数法进行分析,辅助以微震监测设备、矿压监测设备等完成综合评价,研判煤柱侧采空区的冲击危险性,确定采用区段煤柱顶板深孔爆破计划。

（2）区段煤柱顶板卸压一般与工作面内部顶板卸压同时进行,采用区段煤柱顶板深孔爆破技术时的实施步骤与超前顶板深孔爆破一致。

（3）当仅进行区段煤柱顶板卸压时,应超前工作面 100～150 m 提前施工完成。

2.3   爆破参数

在实际应用中,除炸药性能自身类型差异以及爆破性能外,合理的装药结构、恰当的封孔方式以及科学的爆破孔布置方案是影响顶板深孔爆破效果的主要因素。

（1）目标岩层和爆破孔深度

确定需要爆破卸压的目标岩层是顶板深孔爆破设计的第一步。根据上覆岩层赋存情况,选出煤层上方 100 m 范围内存在的单层厚度超过 10 m 的坚硬岩层,作为潜在诱发冲击地压的关键层,分析各坚硬岩层结构失稳规律;根据工作面回采期间采空区顶板垮落产生的微震事件分布情况,排除随采随冒的顶板岩层;根据采空区上覆岩层"三带"观测结果,或者井下钻孔窥视及测井数据,确定处于裂隙带内的坚硬岩层,最终确定目标岩层。

爆破孔深度应达到目标岩层,根据开孔位置、终孔位置、爆破孔倾角确定,开孔位置尽量靠近巷道肩窝处,终孔位置到达目标岩层顶端。高魁等[107]考虑保护顺槽断面安全,提出了单孔钻孔布置爆破孔的爆破孔深度计算方法:

$$L_{\mathrm{b}} = \sqrt{\left(\frac{S-d}{\sin \alpha}\right)^2 + \left[\tan \beta(S-d)\right]^2} \tag{2-12}$$

式中,L_{b} 为爆破孔深度;d 为孔底距巷道的水平距离;S 为工作面长度;α 和 β 分别为爆破孔与巷道的夹角和爆破孔与工作面的夹角。

表 2-1 统计了多个矿区的顶板特征和深孔爆破参数,表现为顶板岩性坚硬,厚度大,为弱化坚硬岩层需要超长钻孔。

表 2-1 不同顶板岩性的深孔爆破参数

煤矿名称	顶板特征	爆破参数
松树镇煤矿[108]	中-细粒砂岩,厚 8.8 m,抗压强度 82.76 MPa	爆破孔直径 75 mm,药卷直径 45 mm,孔深 33~40 m,爆破孔间距 10.0 m
山西潞宁煤矿[109]	砂岩,厚 16.75 m,抗压强度 79.6 MPa	爆破孔直径 60 mm,药卷直径 50 mm,孔深 28~49 m,爆破孔间距:孔口 1.0 m,孔底 6.0 m
淮南顾桥煤矿[110]	粉细-中砂岩,厚 14.6 m	爆破孔直径 75 mm,药卷直径 63 mm,孔深 21~80 m,爆破孔间距:孔口 2.0 m(扇形)
淮南潘一煤矿[107]	中细砂岩,厚 10.4 m,抗压强度 75 MPa	爆破孔直径 94 mm,药卷直径 63 mm,孔深 43~54 m,间距:孔口 1.4 m,孔底 16 m(扇形)
邯郸郭二庄矿[111]	闪长岩,厚 25 m	爆破孔直径 60 mm,孔深 12~25 m,孔底间距 6.0 m(扇形)
国投新集二矿[112]	砂岩,厚 24.5 m,抗压强度 92.3 MPa	爆破孔直径 75 mm,药卷直径 63 mm,孔深 37~96 m,孔底间距 15.2 m(扇形)

（2）爆破孔布置形式

爆破孔最常用的布置形式是在断面按扇形布置 2～4 个爆破孔，扇形孔布置可以形成空间爆破裂隙的竖向贯穿。为了增加爆破裂隙和损伤范围，可以在扇形布孔的基础上通过调整钻孔角度、补打浅孔的方法，形成三花式或深浅孔布置。

（3）装药长度和封堵长度

爆破孔的装药段位于目标岩层但不应超过目标岩层，确保坚硬岩层损伤破坏，也避免爆炸能量从软弱岩层中流失。对于爆破孔的封堵段，根据《煤矿安全规程》[113]，深孔爆破封堵长度不少于爆破孔长度的 1/3。当位于目标岩层的装药长度设计可能超过 2/3 时，应缩短装药长度，保留足够封堵长度，此类情况可以考虑补打浅孔进行目标岩层非装药部分的岩石爆破。

（4）爆破孔间距

顶板深孔爆破的爆破孔间距需要确保相邻爆破孔间发生岩石损伤，形成孔间卸压带或贯穿裂隙带，如图 2-6 所示。当孔间形成裂隙时，爆破孔间距应为 2 倍爆破孔破坏范围，即：

$$S_r = 2R_t \tag{2-13}$$

式中，S_r 为爆破孔间距；R_t 为裂隙区半径。

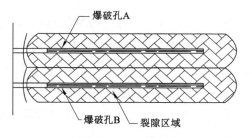

图 2-6 合理的爆破孔间距岩石裂隙形成

一般裂隙区半径为装药半径的 20 倍左右，即由裂隙区半径计算方法得到的爆破孔间距仅为 2～3 m。根据表 2-1 可知，爆破孔排距一般为 5～10 m，工程案例中仍取得了较好的效果，说明还需考虑爆破损伤作用。

基于上述分析，采用质点峰值振动速度（PPV）损伤判据来确定合理的爆破孔间距。在爆破近区，岩体中质点峰值振动速度 v 一般为：

$$v = kv_0 \left(\frac{r_b}{R}\right)^\alpha \tag{2-14}$$

式中，v_0 为爆破孔壁上的质点峰值振动速度，$v_0 = P_a/(\rho C_p)$；k 为与一次起爆的爆破孔个数有关的系数，在顶板深孔致裂爆破中，由于起爆药量大，每次起爆一个爆破孔，k 取 1；r_b 为爆破孔半径；R 为岩体中质点距爆破中心的距离；α 为应力波衰减指数；P_a 为爆破孔内爆生气体的初始压力；ρ 为岩石密度；C_p 为纵波波速。

Bauer 与 Calder 通过爆破前后岩体内裂隙数量统计、声波波速对比等研究结果，给出了爆破损伤质点峰值振动速度安全判断建议值，得到的岩石损伤判据如表 2-2 所列。

表 2-2 岩石爆破损伤质点峰值振动速度临界值

质点峰值振动速度/(cm/s)	岩体损伤程度
<25	完整岩体不会致裂
25～63.5	发生轻微的拉伸层裂
63.5～254	严重的拉伸裂隙及一些径向裂隙
>254	岩体完全破碎

基于表 2-2 的判据标准，对式(2-14)进行算例分析：岩石波速为 3 500 m/s 时，炸药类型为煤矿许用乳化炸药，炸药密度为 1 050 kg/m³，爆速为 3 500 m/s，装药直径为 40 mm。计算得到距离爆破孔中心不同距离处岩体的质点峰值振动速度如图 2-7 所示。可以看出质点峰值振动速度随距离的传播呈指数衰减规律，根据曲线得到峰值速度为 63.5 m/s 和 25 m/s 时距离爆破孔中心分别为 7.57 m 和 21.9 m，即发生严重损伤和轻微损伤。

表 2-3 给出不同装药直径与声波波速下的爆破孔间距参考取值，现场施工时可以参考此表设计爆破试验方案，通过开展现场试验进行爆破效果检测，优化孔距参数。

（5）爆破孔直径与装药直径

爆破孔直径一般由既有钻机和钻杆规格决定，适用于顶板深孔爆破的矿用地质钻杆的直径规格有 65 mm、75 mm、89 mm、94 mm、108 mm 等，由上述钻杆钻取的钻孔需要匹配装药直径，确定适宜的不耦合系数。空气为

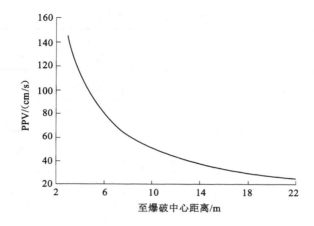

2-7　与爆破孔中心不同距离处的质点峰值振动速度(PPV)

不耦合介质时,不耦合系数不宜大于 1.5。

表 2-3　不同装药直径与岩石强度下的爆破孔间距参考取值　　单位:m

波速/(m/s)	装药直径/mm				
	40	50	60	70	80
3 000	8.12	9.03	9.83	10.96	11.89
3 500	7.57	8.32	9.08	10.07	11.01
4 000	6.98	7.54	8.27	9.11	10.20
4 500	6.33	6.75	7.47	8.27	9.22
5 000	5.87	6.12	6.77	7.33	8.35

　　煤矿许用炸药也有固定的参数规格,常用的矿用炸药主要为水胶炸药和乳化炸药,直径规格有 27 mm、32 mm 和 35 mm,孔径较大时可以采取多节平行捆绑的方式增加线装药密度。另外被筒炸药直径 60 mm,它由 PVC 管装药,端头有内外螺纹结构,可以实现首尾相连。表 2-4 提供了不同炸药规格和孔径规格下的不耦合系数计算表,其中 NA 表示不可用,即药卷的并列形式无法装入爆破孔中。根据表 2-4 宜选择不耦合系数小于 1.5 的爆破孔直径和装药直径的组合。

表 2-4　不耦合系数计算表

装药直径 /mm		孔径/mm				
		65.00	75.00	89.00	94.00	108.00
单卷	27.00	2.41	2.78	3.30	3.48	4.00
	32.00	2.03	2.34	2.78	2.94	3.38
	35.00	1.86	2.14	2.54	2.69	3.09
双卷 并列	38.18	1.70	1.96	2.33	2.46	2.83
	45.25	1.44	1.66	1.97	2.08	2.39
	49.50	NA	1.52	1.80	1.90	2.18
三卷 并列	46.77	1.39	1.60	1.90	2.01	2.31
	55.43	NA	1.35	1.61	1.70	1.95
	60.62	NA	NA	1.47	1.55	1.78
四卷 并列	54.00	NA	1.39	1.65	1.74	2.00
	64.00	NA	NA	1.39	1.47	1.69
	70.00	NA	NA	1.27	1.34	1.54
五卷 并列	60.37	NA	NA	1.47	1.56	1.79
	71.55	NA	NA	NA	1.31	1.51
	78.26	NA	NA	NA	NA	1.38
被筒炸药	60.00	1.08	1.25	1.48	1.57	1.80

2.4　施工工艺

顶板深孔爆破施工过程主要包括钻孔、装药、封堵、起爆、效果检验等步骤,施工路线如图 2-8 所示。严格遵循爆破施工工序对保证井下爆破作业的安全以及确保达到预期的爆破效果具有重要意义。

2.4.1　钻孔

(1) 宜选用移动方便、固定牢固、易操作、效率高、过载能力强、成孔率高的钻机。

(2) 为保证预裂爆破质量,钻孔施工过程必须满足定位准、角度精、推进稳、爆破孔齐四项要求。

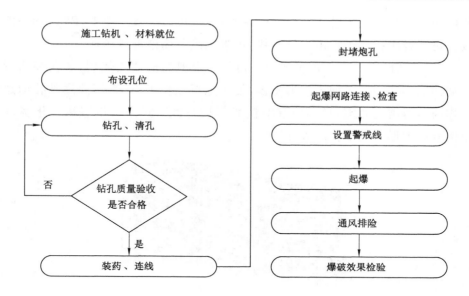

图 2-8　顶板深孔爆破施工路线图

（3）钻孔开孔时，应尽量避免钻杆与锚杆、锚索相交。若有相交，应在设计位置错位开口，但需保证开口误差在规定的范围内。

（4）若存在工作面综采设备安装与钻孔平行作业的情况，必须协调好安装、拖运及维护各个工序之间的有序衔接，确保交叉平行作业施工的安全。

（5）钻孔施工完毕后，应组织专人验收，对不符合要求的钻孔应进行补钻或择点另行钻孔。

（6）每一钻孔完工后，须进行探孔，发现爆破孔内煤渣、岩渣，插入高压风管冲洗，并立即装药，防止在地应力及振动作用下发生塌孔现象。

2.4.2　装药

顶板深孔爆破采用正向起爆，装药结构如图 2-9 所示，使用 PVC 管作为装药管，确保炸药顺利送入爆破孔中。装药施工步骤如下：

（1）首先进行探孔，确定装药长度以及留足封堵长度。将煤矿许用炸药装入 PVC 管中，通过 PVC 连接件将多个装药管首尾牢固相连，开始向爆破孔内推送炸药，当巷道顶板较高时需要搭设平台方便装药施工。

（2）边送药边连接装药管，直至最后一节装药管连接，开始制作炮头。

使用两个毫秒延期雷管或数码电子雷管,插入最后一节药卷中,PVC 管一侧或管帽开设小孔用于穿出雷管脚线,雷管脚线与爆破母线相连。

（3）最后一节 PVC 管底部 100 mm 位置削斜槽插入倒刺,或在装药管末端钻取小孔用铁丝捆绑楔形木楔,使用炮棍顶住 PVC 管帽向爆破孔内送入炸药至爆破孔底端,送药时注意防护爆破母线。送至底端轻微上下晃动使倒刺或楔形木楔卡在爆破孔中。

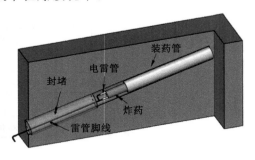

图 2-9   顶板深孔爆破装药结构

2.4.3   封堵

顶板深孔爆破封堵施工由于其孔深长、孔径大,封堵段需要大量填塞,在传统工艺中,通常采用人工填塞炮泥、炮棍捣实。由于正向起爆结构炮头与堵塞物接触,捣实过程中易损伤起爆器材,人工捣实还存在密实度不足、炮泥沿爆破孔分布不均等不足,导致爆炸能量浪费、冲孔问题严重。矿井一般具有丰富的风压资源,可借助风能机械设备向爆破孔内充填。

（1）风压封孔器

封堵施工可以采用专门风压封孔器进行喷泥封孔,封孔材料为略潮的黄土,如图 2-10 所示。施工步骤如下:

① 将炮泥输送管送入爆破孔中直至到达水胶药柱处,连接风管与封堵器进气阀 A,关闭排气阀 B,关闭炮泥输送阀 C,将适量略潮的黄土倒入封孔器中,打开进气阀 A,在气压作用下,压紧封孔器顶板 G,形成密闭容器,继续加压。

② 当封孔器内压力满足封堵要求时,打开炮泥输送阀 C,在压力作用下,将炮泥输送至爆破孔中,随着炮泥输送至爆破孔中,逐渐回收炮泥输送

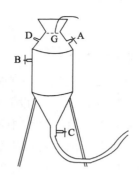

图 2-10 风压封孔器实物图和结构图

管,以防炮泥堵塞,影响施工进程。

③ 待封堵器内炮泥输送完毕后,打开泄压阀 B,待罐体内气压降低后,继续添加炮泥,重复以上操作。

④ 注意:压风不足时(<0.4 MPa),不得封孔,封孔长度严格按设计施工;为保证安全,防止罐体内压力过大造成事故,特在封口器添加气压安全阀 D,当罐体内压力高于 0.8 MPa 时,安全阀自动打开。

(2) 注浆泵

采用注浆封堵爆破孔,待浆液凝固后密实度高,封闭效果好。注浆封堵需要使用兼具搅拌和供浆功能的注浆泵,并搭配水泥囊袋、KJ16 胶管、注浆管、返浆管、球阀、丝扣转接、四分管等配套小件。封堵材料为素水泥浆。施工步骤如下:

① 截取大于爆破孔深度的返浆管,安装球阀,将返浆管捅至装药位置,多余长度留在孔口,返浆管作用是确定注浆长度,注浆开始后,返浆管返浆可判断注浆长度已够。

② 将水泥囊袋捅进孔口,囊袋下端距孔口 20～50 cm 距离,注浆管连接囊袋下端,通过丝扣转接、四分管与 KJ16 胶管连接,KJ16 胶管直接与注浆泵连接。

③ 在注浆泵中装入水和水泥,配比 1:2 进行搅拌,搅拌均匀后打开注浆泵进行注浆,返浆管出水后继续注浆,直至返出浆液后关闭返浆管的球阀,说明已达到封孔长度,关闭注浆泵,清洗管路和地面。

④ 注浆完成后等待 90 min 可爆破。

2.4.4 起爆

（1）爆破振动预测与保护

当爆破振动达到一定强度后，会导致处于临界稳定状态的局部岩体动力失稳或邻近的构筑物及仪器设备设施的爆破振动破坏。因此，控制爆破振动亦是深孔爆破施工工艺研究过程中不可或缺的重要环节。爆破峰值振动速度是衡量爆破振动强度的主要因素之一。

根据我国《爆破安全规程》（GB 6722—2014）[114]，采用经典萨道夫斯基公式计算质点振动速度 v：

$$v = k \left(\frac{\sqrt[3]{Q}}{R} \right)^{\alpha}$$

（2-15）

式中，Q 为最大一次起爆药量；R 为爆心距；k、α 为与场地、装药等情况有关的拟合参数。

评价爆破对不同类型建筑物、设施设备和其他保护对象的振动影响，应采用不同的安全判据和允许标准。控制爆破振动应考虑以下因素：

① 选取矿山巷道安全允许质点振动速度时，应综合考虑构筑物的重要性、围岩分类、支护状况、开挖跨度、埋深大小、爆源方向、周边环境等。

② 在复杂环境中多次进行爆破作业时，应从确保安全的单响药量开始，逐步增大到允许药量，并按允许药量控制一次爆破规模。

③ 在地下进行深孔爆破，其主频一般在 30～100 Hz，对于矿山巷道的振动安全允许标准为 18～30 cm/s，取 20 cm/s。表 2-5 给出了起爆药量和安全距离的关系。降低一次爆破最大用药量是控制爆破振动最有效的方法之一。

表 2-5 起爆药量与爆破振动安全距离对应关系

起爆药量/kg	质点振动速度/(m/s)	安全距离/m
50	20.208	14
100	21.35	17
150	20.488	20
200	20.5	22
250	20.11	24
300	25.69	26

（2）空气冲击波安全距离

《爆破安全规程实施手册》[115]针对井下爆炸空气冲击波安全允许距离建议公式为：

$$\Delta P = \left[3\,270\,\frac{Qm_y}{R\sum S} + 780\sqrt{\frac{Qm_y}{R\sum S}}\right]e^{-\frac{\beta R}{d_n}} \tag{2-16}$$

式中，ΔP 为井下空气冲击波超压；Q 为装药量；m_y 为炸药能量转换冲击波系数，取 0.1；R 为距爆源距离；$\sum S$ 为与药包毗连的巷道总面积；β 为巷道表面粗糙性系数，取 0.15；d_n 为巷道当量直径。

对装药量 120 kg 的冲击波安全距离进行计算，如表 2-6 所示。人体的空气冲击波超压安全允许标准为 0.02×10^5 Pa，达到这一标准的安全允许距离为 110 m。

表 2-6　距爆源距离与冲击波超压对应关系

距爆源距离/m	空气冲击波超压/($\times10^5$ Pa)
80	0.358 9
90	0.161 3
100	0.073 0
110	0.033 2
120	0.015 2

（3）爆前防护工作

每次进行爆破作业时采用多层防护，对所爆破区段进行立面防护（挂炮被、铁丝网），对爆破孔处进行加强防护，使用炮被覆盖孔口，预防冲击波与飞石对设施的损害。在巷道内密集使用单体液压支柱对巷道进行支撑防护，仅在孔口处留出作业空间。

（4）导爆索及其与雷管的联结头的防护

《煤矿安全规程》禁止裸露爆破，导爆索及其与雷管的联结头尽量放入爆破孔，炮泥封闭；否则，采取延长管接长钻孔，利用炮泥封闭导爆索及其与雷管的连接头。

（5）爆前警戒工作

起爆前,必须在可能进入爆破地点所有通路上设置警戒或栅栏,警戒设置在距爆破地点不小于 300 m 的位置。警戒人员必须在有掩护的安全地点进行警戒,警戒线处应设置警戒牌或拉绳等标志。

2.4.5 效果检验

爆破效果是爆破参数选取和检验施工工艺合理与否的唯一标准。通常在评价爆破质量时,首先直接观察爆破后裂隙扩展、裂隙区范围内岩石破碎程度以及巷道围岩稳定性等,初步判断预裂爆破的效果。最后的评定,往往需要等工作面推采后,根据矿山压力显现特征、微震监测能量事件等多种手段来衡量。爆破效果的初步评价为表面观察,主要包括:

(1)爆破孔周围形成充分的损伤破坏,爆破孔壁发生破碎,裂隙区范围内岩石产生大量裂隙。

(2)多孔爆破后孔间形成一条连续的、基本上沿着爆破孔连线方向的裂缝,且预裂缝周围观察到少量表面裂隙,同时裂隙区内应具有足够多的裂隙及损伤。裂缝缝宽的大小与岩石的性质、强度等因素有关,岩石硬度较大,当裂隙宽度在 0.5～1.0 cm 时,表明爆破效果比较理想。

(3)巷道支护体系未受到影响,但受爆破震动影响有少量顶板及两帮岩石冒落,只要不影响围岩总体稳定即可。

(4)在有条件的地方,应当采用声波探测、钻孔窥视等手段,检查预裂缝的状况。

3 水力压裂在煤矿坚硬顶板卸压中的施工设计方法

3.1 水力压裂在初采初放中的施工设计

3.1.1 钻孔参数设计

我国煤矿约有 1/3 的煤层顶板为坚硬难垮落顶板。现阶段,我国煤矿开采针对坚硬难垮落顶板的控制问题主要采取钻孔爆破和水力压裂相结合的方法。水力压裂预裂顶板方法具有通用性强、成本低、易于实施、效果明显、经济适用性强、效果好、易于实现等特点而被广泛应用。在煤矿初采放顶阶段,常见的水力压裂钻孔类型有 L 孔(长孔)、S 孔(短孔)和其他孔。其他孔通常可以分为两类:一类为备用孔(B 孔),多用于促进三角区垮落;另一类为增加钻孔密度的添加孔,多位于工作面中部。

表 3-1 是水力压裂技术在我国部分煤矿初采放顶中的应用数据。

根据以往的现场施工经验,水力压裂在工作面初采放顶中钻孔参数的选取应遵循以下原则:S 孔倾角范围通常在 40°～50°,L 孔倾角范围通常在 15°～30°。S 孔垂直高度通常稍小于或稍大于基本顶与直接顶厚度之和。L 孔垂直高度通常大于直接顶厚度,小于基本顶与直接顶厚度之和,J 孔和 K 孔的倾角大于 S 孔。绝大部分应用中,S 孔数量大于 L 孔数量。S 孔或 L 孔间距在切眼中部较大(20～40 m),靠近切眼两端时逐渐变小(15～20 m)。

表 3-1 水力压裂技术在我国部分煤矿初采放顶中的应用

地点	煤层厚度/m	工作面斜长/m	直接顶厚度/m	基本顶厚度/m	长孔长度/m	长孔倾角/(°)	长孔间距/m	长孔数量/个	短孔长度/m	短孔倾角/(°)	短孔间距/m	短孔数量/个	相邻孔间距/m	钻孔总长度/m
鄂尔多斯西南部某煤矿 3104 工作面	6	299	5.66	12.07	30	30	16	18	20	50	16	18	8	1 020
魏墙煤矿 1313 工作面	3.05	300	0～1.78	13.4～18.39	30	30	25	12	27	50	25	13	15	1 731
榆树泉煤矿 1012 工作面	4	122.6	1.2	9.6	18	65	3	35	9	65	3	35	1.5	2 275
巴拉素煤矿 2102 工作面	3.68	300	1.08	21.76	40	25	20	17	33	40	20	16	—	2 467
保德煤矿 81307 工作面	4.9	240	0	2.9	30	25	18	13	38	45	—	31	9	2 023
寺河二号井煤矿 15103 工作面	3.15	180	5.32	8.35	45	30	10	10	22	45	10	10	5	600
张家峁煤矿 15211 工作面	6	296	0	20.33	42	25	32	8	40	55	32	9	16	720
王家岭煤业北翼 18102 工作面	5.1	240	—	—	34	20	16	13	40	45	16	21	8	1 761
青龙寺煤矿 5-20105 工作面	3	301	—	—	34	20	20	15	34	40	20	20	10	1 526

表 3-1（续）

地点	煤层厚度/m	工作面斜长/m	直接顶厚度/m	基本顶厚度/m	长孔长度/m	长孔倾角/(°)	长孔间距/m	长孔数量/个	短孔长度/m	短孔倾角/(°)	短孔间距/m	短孔数量/个	相邻孔间距/m	钻孔总长度/m
上榆泉煤矿 I011004 工作面	8.5	234	6	9.89	40	30	10	6	35	40	10	6	5	530
龙王沟南翼 61610 工作面	24	255	4.86	11.37	45	45	20	12	45	75	20	12	5.5	1 080
司马煤业 1209 工作面	6.05	201.17	0~0.378	13.4~18.9	40	30	20	11	40	50	20	12	10	1 160
西曲矿 18402 工作面	4.15	218	2.4	1.62	25	45	15	12	23	50	15	7	15	790.5
斜沟煤矿 23105 工作面	14.63	242.5	5	4	12	—	7	32	—	—	—	—	—	384
银河煤矿 30304 工作面	6.2	258	5.1~7.6	10.2~12.6	45	30	20	15	35	40	20	14	10	1 285
晋煤集团赵庄二号井 2305 工作面	4.4	110	2.7	5.4	40	45~50	10	10	40	75~80	10	10	—	800
晋煤集团赵庄二号井 2309 工作面	4.2	160	10.56	3.12	45	45	10	14	32	75~80	10	16	—	1 142
许疃煤矿 72316 工作面	4.6	199.3	5	10.3	20	45	12.5	14	18.5	50	12.5	15	12.5	637.5
野川煤矿 3203 工作面	5.32	193	4.8	10	32	30	10	9	28	45	10	13	10	652
麻家梁 14203-1 工作面	9.24	181.5	7.72	14.9	40	25	—	13	39	45	—	19	—	1461
木瓜矿 10-201 工作面	3.92	245	2.48	4.95	30	30	10	23	20	45	10	14	10	970

表 3-1(续)

地点	煤层厚度/m	工作面斜长/m	直接顶厚度/m	基本顶厚度/m	长孔长度/m	长孔倾角/(°)	长孔间距/m	长孔数量/个	短孔长度/m	短孔倾角/(°)	短孔间距/m	短孔数量/个	相邻孔间距/m	钻孔总长度/m
官地矿 2418 工作面	7.88	—	3.02	5.74	24	45	12	16	24	45	12	16	—	936
柳巷煤矿 30110 工作面	10	200	4.55	21	75	8	30	7	38	30	30	6	—	753
野川煤矿 3203 工作面	5.58	197	3.26	11.5	35	45	20	10	32	30	20	10	—	670
韩家湾煤矿 213108 工作面	2.7	—	—	—	45	32		19	40	45	—	19	—	2 299
磁窑沟煤矿 13102 工作面	11.1	240	15	10	40	45	20	19	30	45	—	4	10	1 600
华阳煤业 15101 综采工作面	2.78	150	0	8.71	36	30	20	5	25	45	20	4	10	905
常村煤矿 12204 工作面	5.38	180	1.89	3.4	40	50	20	8	40	75	20	8	20	640
斜沟煤矿 18505 工作面	4.2	299.66	1.84	7.89	10	—	15	25	—	—	—	—	—	250
山西某矿 3506 综放工作面	5.39	148.5	15.95	12.35	70	20	20		—	—	—	—	—	—
孙疃煤矿 1019 工作面	3	212	4.1	3.5	20	45	12.5	12	18.5	50	12.5	13	12.5	553.5
西冯街煤矿 3402 工作面	2.95	—	1.35	16.5	30	30	12.5	5	28	50	12.5	35	—	1 530
榆神矿区 51108 工作面	4.1	193.5	2.24	12.6	52	25	9	10	49	45	19	15	—	1 879

先压裂 L 孔,后压裂 S 孔。最后一次压裂位置距离孔口 4 m 或 5 m 以上;单孔内后退式多次压裂,每 2 m 或 3 m 压裂一次。

开孔位置距离顶板 200～300 mm。顶板初采初放水力压裂钻孔平面布置通常如图 3-1(a)所示,剖面布置通常如图 3-1(b)所示。

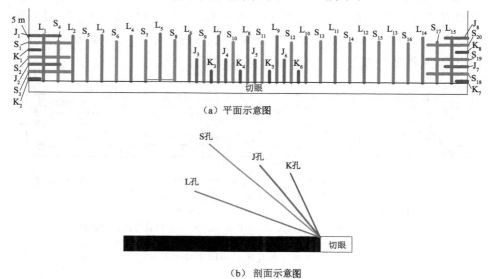

(a) 平面示意图

(b) 剖面示意图

图 3-1　工作面顶板初采初放水力压裂钻孔布置图

3.1.2　施工工艺

水力压裂施工设备主要包括钻机、高压大流量泵、高压管路与控制阀、割缝刀具、封孔器、压力表(压力传感器)、钻孔窥视仪等。

(1) 钻孔

利用地质钻机进行钻孔作业,压裂孔直径应大于封孔器外径、小于封孔器最大膨胀直径 2 mm 以上。钻孔壁不应出现螺纹与台阶。

(2) 钻孔检验与封孔

钻孔结束后,清完孔利用钻孔窥视仪器对钻孔切槽效果进行观测。然后接静压水对封孔器进行排气、试压,保证运作正常。再利用注水管将封孔器推进至压裂孔设计位置,最后利用高压泵对封孔器加压,使封孔器中间的弹性膜撑开,从而起到封孔的目的。

单管路封孔压裂一体化装置如图 3-2 所示。该封孔压裂一体化水力压裂装置,将外部注水管接头通过高压钻杆或高压注水管与水泵连接,启动水泵后,压裂液首先经过后置高压注水钢管出水孔和前置高压注水钢管出水孔,进入后置封孔器胶囊空腔和前置封孔器胶囊空腔,分别使后置封孔器胶囊和前置封孔器胶囊膨胀,完成封孔;待水压上升到一定程度后,压裂液推动钢珠和限位弹簧,使其通过水力压裂出水孔进入钻孔内的水力压裂段进行压裂,从而实现双封型封孔压裂一体化作业。

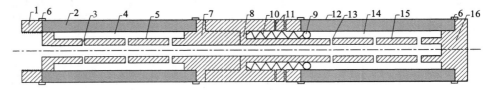

1—外部注水管接头;2—后置封孔器胶囊;3—后置高压注水钢管出水孔;4—后置封孔器胶囊空腔;
5—后置高压注水钢管;6—高压管箍;7—后置高压注水钢管螺纹接头;
8—前置高压注水钢管螺纹接头;9—钢珠;10—限位弹簧;11—水力压裂出水孔;
12—前置封孔器胶囊;13—前置高压注水钢管出水孔;14—前置封孔器胶囊空腔;
15—前置高压注水钢管;16—死堵结构。

图 3-2 单管路封孔压裂一体化装置示意图

双管路封孔压裂一体化装置如图 3-3 所示。该装置由注水管、前置胶囊、后置胶囊和四通管组成。前胶囊和后胶囊构成封孔设备,注水管为注水压裂设备提供高压水,封孔设备和注水压裂设备通过四通管接成完整的结构。整个系统由两个独立的部分组成:前胶囊与后胶囊通过四通管和压裂结构连接成完整结构,并可根据需要进行更换;注水管将水注入其中;压裂液从注剂口进入钻孔或钻井中。在封孔压裂作业中,只连接一个注水设备,

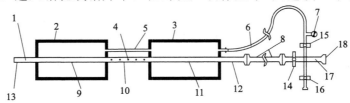

1—注水管;2—前置胶囊;3—后置胶囊;4—高压出水口;5—胶囊连通器;6—胶囊注水管;
7—压力表;8—延长管;9—前置包覆段;10—注水管;11—后置包覆段;12—入水段;
13—触底保护段;14—第一阀门;15—第二阀门;16—第三阀门;17—四通管。

图 3-3 双管路封孔压裂一体化装置示意图

通过在四个管道中的每个管道打开不同的阀,将水注入注水压裂设备中实现水力压裂。该装置可通过单台高压水泵连接完成封孔压裂和注水压裂作业,通过在四通管上开闭阀门完成整个操作过程。

具体操作流程如下:① 注水管、前后胶囊、四通管连接;② 将压裂装置放入钻孔,到达压裂位置;③ 注水管连接高压泵;④ 关闭第一、第三阀门并打开第二阀门;⑤ 启动高压泵开始注水;⑥ 前后胶囊膨胀封住注水孔使得前后胶囊形成密闭空间,封孔完成;⑦ 关闭第二阀门并打开第一阀门;⑧ 启动高压水泵向注水管注水;⑨ 开始压裂;⑩ 压裂完成后,关闭第一阀门,打开第二、第三阀门,使得胶囊回缩,取回压裂装置。

（3）注液压裂

所有管路连接安装牢靠后启动高压泵,向压裂段施加水压,按理论计算的压力稳定升压,加压时应观察压力表的变化。当压力出现明显下降时,可判断顶板被压裂。如附近有检测孔,压裂液扩展至检测孔后即可停止加压。如没有检测孔,压裂后继续加压,如压力下降后又升压,需继续加压直到再下降时停止,加压时间一般不小于 10 min。

水力压裂采用倒退式压裂法,即从钻孔底部向孔口逐次压裂;根据现场压裂情况调整压裂位置和压裂次数,压裂时观察压裂处巷道及锚杆、锚索情况,出现变形或锚杆（索）断裂的情况时立即停止压裂,并调整压裂方式。

压裂结束后,首先通过注水管进行钻孔放水,钻孔放水时间为压裂时间的 1.5～2 倍,待放水彻底后方可为封孔器卸压,严禁在放水彻底前进行封孔器卸压。在水力压裂施工过程中,利用数字化水力压裂检测设备监测水压变化情况。

图 3-4 为直接水力压裂施工工艺流程。

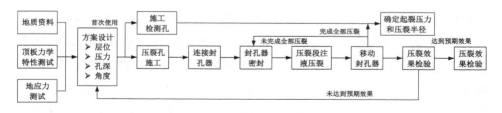

图 3-4　直接水力压裂施工工艺流程

3.1.3 施工技术要求

（1）钻孔

水力压裂技术要求完成钻孔的轴线近似一条直线，需要在钻进过程中尽量降低钻进速度，减小钻机进给力，保证钻孔的直线性。

钻孔完成后，钻孔队伍进行下一个钻孔作业，在完成的钻孔中安装封孔器，利用手动泵和储能器封孔，最后连接高压泵实施压裂。钻孔作业和压裂作业可平行进行，作业间距应不小于 40 m。压裂使用高压柱塞泵。

打钻过程中，工作人员不得正对钻孔操作，防止水、煤（岩）渣高压喷出伤人事故发生。作业地点设置瓦斯监测传感器，当工作地点瓦斯超限时，应停止所有作业；待风流瓦斯恢复正常、经检查工作面安全时方可恢复作业。

（2）封孔

连接安装封孔器，然后接静压水对封孔器进行排气、试压，保证运作正常，通过高压胶管将连接好的手动泵和储能器与封孔器连接，连接采用快速连接方式。安装、连接、调试工作结束后，连接注水钢管将封孔器推送至预定位置（预裂缝处），手动泵加压 12～18 MPa，观察钻孔并监测压力表，检验封孔器能否保压，若钻孔中有水流出或压力下降明显，说明封孔失效，检查封孔器各个连接处及封孔器本身，找出并解决问题，确保封孔器正常工作。

（3）高压注水施工

压裂前拉警戒线，检查接头部位密封情况，检查作业点周围瓦斯浓度及有毒有害气体，确保安全后方可施工，操作人员经专业培训后方可作业。

作业过程为高压注水压裂过程，为保证安全，压裂孔前、后 30 m 处各拉一道警戒并悬挂警示牌，压裂期间作业人员站在压裂孔邻近巷道顶帮支护有效区域观察压裂情况以外，其余施工人员与压裂孔间距应保持在 30 m 以上，且站在巷道顶帮支护有效区域，位于支护条件良好的地方给高压水泵先通水再通电，然后慢慢加压，同时记录水泵压力表以及手动泵压力表数据，继续加压直至预裂缝开裂，这时压力会突然下降，保压注水使裂纹继续扩展，同时会软化顶板。保压注水压裂时间根据现场压裂情况确定，前三处压裂时间一般不少于 30 min，后几处压裂时间一般不少于 20 min，沿预裂缝方向形成横向裂纹。若巷道顶板、煤帮或钻孔中有水渗出或冒出时，立即停止压裂,压裂结束。高压水泵先断电再停水,封孔器泄压,然后退出钻孔,等孔内清理干净,再利用窥视仪观察压裂效果。高压水泵需调试正反转,运转时总是先通水后通电,停止运转时总是先断电后停水。

高压泵首次运转 30 h 后需更换润滑油,以后每工作约 200 h 换油一次;使用前检查水泵各部位上的螺栓、螺母,确保拧紧。

水力压裂具体施工位置、数量以打钻队组施工钻孔为准。施工人员登高作业超过 1.5 m 必须佩戴安全带并搭设稳固牢靠的脚手架或工作平台。

(4)其他注意事项

压裂完成后,在工作面邻近压裂段时派专人监测巷道变形情况,巷道如有异常立即向矿方汇报,采取临时支护措施。

工作面初采期间(初次来压前),工作面施工人员必须系好安全绳,头戴安全头盔;安排有经验人员,密切注意顶板来压、煤壁片帮及支架工作阻力等变化情况,初次来压时,及时通知工作人员做好防护工作。

停、接电要按照流程提前到供电科办理手续并由专职电工操作;生产科安排专人对施工现场的工程质量进行监督检查,并做好隐蔽工程施工记录;施工时,各工序之间要严密组织,人员操作默契配合,严防意外事故发生。

压裂专用高压胶管必须满丝满扣连接并现场验收后方可使用;所有人员必须戴隔离式自救器,并会熟练使用,熟悉避灾路线;当班工作结束后及时切断电源,关闭水阀门;施工期间,必须时刻保证退路畅通。

发生灾害时,人员不要惊慌,必须听从班组长的统一指挥。现场当班班组长要及时向矿调度汇报,同时要根据灾情和现场的情况,在保证人员安全的情况下积极组织现场抢救,并迅速采取避灾措施。

当钻孔、压裂设备转移需要吊装时,严格遵守井下安全操作流程。起吊物件时,作业人员必须站在起吊物件无滑落趋势的地点进行作业,严禁硬拉硬拽。其他人员远离起吊地点监护作业。起吊时,严禁人员任何部位靠近起吊设备及其运行滑落趋势方向,如起吊处有坡度,下坡侧严禁有人,人员要躲开设备滚落趋势方向。严禁大幅度斜拉或摆动,不得随意靠近拖拽摆动的设备,严防起吊连接部位滑脱,设备在起吊时应尽量保持平衡。起吊过程中,如发现起吊不动或有卡阻现象时,先处理,再起吊。

施工过程严格执行《煤矿安全规程》的有关规定。

3.2 水力压裂在末采卸压中的施工设计

3.2.1 钻孔参数设计

工作面末采期间,顶板周期来压步距不合理会造成悬顶长度过大,出现大面积的弯曲下沉甚至失稳,造成支架工作阻力升高、活柱量减少甚至压架事故。采用水力压裂技术开展末采卸压施工主要用于解决上述潜在危险。顶板卸压有两种不同的目的:一是采煤工作面末采期间顶板岩体坚硬难以垮落,造成液压支架撤出后采空区难以被完全填充,易造成工作面难以密封;二是采煤工作面末采期间控制合理的悬顶长度有利于顺利撤出工作面内的液压支架,悬顶长度过长和过短都有可能造成液压支架无法顺利撤出。

表 3-2 是水力压裂技术在我国部分煤矿末采卸压中的应用。

根据现场施工经验,水力压裂在工作面末采中钻孔参数的选取应遵循以下原则:S 孔倾角范围通常在 $40°\sim50°$,L 孔倾角范围通常在 $15°\sim30°$。S 孔垂直高度通常稍小于或稍大于基本顶与直接顶厚度之和。L 孔垂直高度通常大于直接顶厚度,小于基本顶与直接顶厚度之和。绝大部分应用中,S 孔数量多于 L 孔。S 孔或 L 孔间距在中部较大($20\sim40$ m),靠近两端时逐渐小($15\sim20$ m)。先压裂 L 孔,后压裂 S 孔。最后一次压裂位置距离孔口 4 m 或 5 m 以上;单孔内后退式多次压裂,每 2 m 或 3 m 压裂一次。开孔位置距离顶板 $200\sim300$ mm。钻孔和压裂可平行作业,作业间距应不小于 40 m。

针对顶板垮落的末采卸压水力压裂钻孔平面布置通常如图 3-5(a)所示,剖面布置通常如图 3-5(b)所示。

针对末采撤架的顶板卸压水力压裂钻孔平面布置通常如图 3-6(a)所示,剖面布置通常如图 3-6(b)所示。

3.2.2 施工工艺

(1)钻孔

压裂孔直径应大于封孔器外径而且小于封孔器最大膨胀直径 2 mm 以上。钻孔壁不应出现螺纹与台阶。压裂孔完成后,使用钻孔窥视仪进行窥

表3-2 水力压裂技术在我国部分煤矿未采卸压中的应用

地点	煤层厚度/m	工作面斜长/m	直接顶厚度/m	基本顶厚度/m	长孔长度/m	长孔倾角/(°)	长孔间距/m	长孔数量/个	短孔长度/m	短孔倾角/(°)	短孔间距/m	短孔数量/个	相邻孔间距/m	钻孔总长度/m
煤峪口矿 8712工作面	7.8	263	12.5	24.6	35	30	10	15	33	56	10	14	10	1 329
母杜柴登井 30201工作面	5.2	241	18.1	8.1	50	30	3	13	43	50	3	12	3	2 218.5
石圪台煤矿 31305工作面	3.5	285.2	2.1	2.2	40	35		14	36	50	15	15		1 100
柠条塔煤矿 S1229工作面	7.3	295	1.1	15	35	30	15	9	36	50	15	10	15	1 031
漳村煤矿 2505工作面	5.91	230	3.67	9.22	71.7	15		1	38.2	25		1	8	421.7
朱庄煤矿 Ⅲ32上1工作面	1.3	172	4.97	5.37	22	40	12	14	20	20	12	14	12	588
斜沟煤矿 23107工作面	14.79	242	5.36	4.49	50	30	3	13	43	50	3	12	3	1 166
上湾煤矿 12401综采面	9.03	300	9.62	16.24	45	40	10	8	38	50	10	8	10	664
柠条塔煤矿 S1226工作面	7.3	295	1.1	15	30.8	30	15	7	28.7	56	15	8	15	445.2
山西某矿 3305工作面	3.5	258.5	2.1	2.2	40	35	8	13	36	50	8	15	15	1 060
霍洛湾煤矿 31108工作面	4	230	7.01	21.14	20.8	45	10	16	11.6	65	8	15	15	506.8
余吾煤矿 N1206工作面	6.4	254	0.96	3.7	42	45	10	21	42	55	10	7		1 176
棋盘井煤矿 1030901工作面	3.5	297	3	16	38	30	6	8	15	45	6	7		409
斜沟煤矿 23111工作面	14.79	242			50	30	24	13	43	50	24	12		1 166
中兴煤矿 3305工作面	3.5	258.5	2.1	1.4	40	35		14	36	50		15		1 100

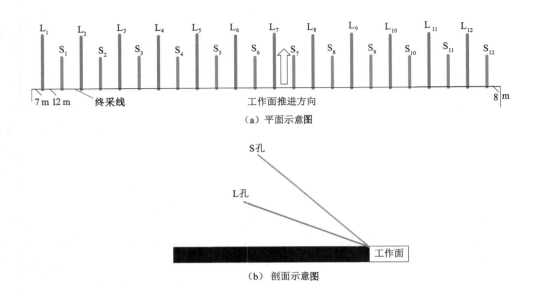

（a）平面示意图

（b）剖面示意图

图 3-5　顶板垮落的末采卸压水力压裂钻孔布置图

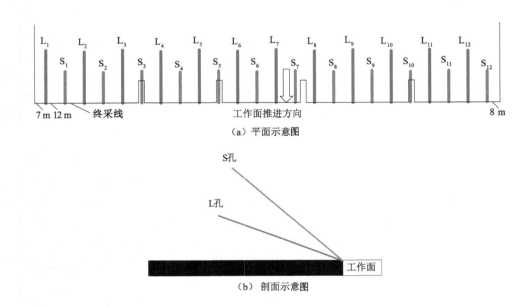

（a）平面示意图

（b）剖面示意图

图 3-6　末采撤架的顶板卸压水力压裂钻孔布置图

视,满足孔壁光滑要求后,进行下一步工作。

（2）封孔

连接安装封孔器,然后接静压水对封孔器进行排气、试压,保证运作正常,通过高压胶管将连接好的手动泵和储能器与封孔器连接,连接处用"O"形密封圈密封,连接采用快速连接方式。对封孔器进行注液加压,使封孔器与压裂钻孔孔壁紧密接触,形成充水加压孔段。

（3）高压水泵的调试

根据高压泵型水泵电机功率配备相应的防爆开关;水泵进水口接静压水,出水口连接高压胶管,高压胶管的另一端连接注水钢管,其中:高压胶管与水泵出水口的连接为 A 型扣压连接方式,与注水钢管的连接为快速连接方式,连接处"O"形圈密封;检查各个连接处,连接无误后给高压水泵先通水再通电,调整正反转,观测水泵是否正常运作。

（4）注液压裂

所有管路连接安装牢靠后启动高压泵,向压裂段施加水压,按理论计算的致裂压力稳定升压。加压时应观察压力表的变化,当压力出现明显下降时,可判断顶板被致裂。如附近有检测孔,致裂液扩展至检测孔后即可停止加压。如没有检测孔,压裂后继续加压,如压力下降后又升压,需继续加压直到再下降时停止,加压时间一般不小于 10 min。单个压裂钻孔多进行多次压裂作业,直至完成全部压裂作业。

3.2.3 施工技术要求

水力压裂按 3.1.3 小节要求施工。

在末采阶段,应先进行地应力测试确定水力压裂的水压力,并开展水力压裂施工控制倒数第二次或倒数第三次周期来压来有效控制工作面末采期间的合理悬顶长度,保证工作的顺利完成。

末采期间,基本顶易发生回转失稳,导致顶煤和直接顶破坏程度增加,支架载荷明显增大,围岩与支架关系恶化,极易诱发顶板及其他次生事故。为保证压裂过程中的人身安全、设备安全,要加强顶板管理。

严格执行敲帮问顶制度。交接班时,班组长必须对压裂后的顶板及支护等情况进行全面检查,确认无危险后,方可实施下次压裂。

压裂过程中安排专人观测支护变化情况,如出现锚索断裂情形时,立即通知高压泵操作员,停止该孔的所有压裂作业,补打支护后再施工。

若顶板大面积冒落,应及时联系调度室处理顶板,加强支护强度,再进行单体支护。支护时可适当调整单体间排距,在顶板较平整的地方支护。

施工过程严格执行《煤矿安全规程》的有关规定。

3.3 水力压裂在沿空留巷中的施工设计

3.3.1 钻孔参数设计

巷道水力压裂切顶卸压一般是在本巷道顶板靠采空区侧向采空区与铅垂线呈小角度打设钻孔;多巷布置外围巷道水力压裂切顶卸压一般在工作面内侧巷道进行,在顶板靠煤柱侧向煤柱与铅垂线呈小角度打设钻孔。钻孔深度应达到或超过基本顶坚硬岩层。通过钻孔内分段水力压裂,在巷道上覆坚硬岩层内形成沿巷道轴向贯通的主导裂缝,进而切断采空区上方侧向悬臂结构,以减小悬臂梁上覆荷载及回转变形,切断或大大削弱岩梁传递到护巷煤柱和留设巷道内的荷载,从根本上降低悬臂梁结构产生的应力集中,降低巷道围岩应力,使巷道围岩应力处于围岩流变扰动阈值以下,从而达到控制巷道变形量的目的。

表 3-3 是水力压裂技术在我国部分煤矿沿空留巷中的应用。

根据现场施工经验,水力压裂钻孔参数的选取应遵循以下原则:S 孔仰角范围通常在 $35°\sim90°$,水平倾角范围通常在 $0°\sim90°$。S 孔垂直高度通常达到或稍大于基本顶与直接顶厚度之和。绝大部分应用中,S 孔等间距布置,最后一次压裂位置距离孔口 4 m 或 5 m 以上;单孔内后退式多次压裂,每 2 m 或 3 m 压裂一次。开孔位置为距离煤帮 $1\sim2$ m 的顶板处。钻孔和压裂可平行作业,作业间距应不小于 40 m。钻孔参数(钻孔长度、角度、间距)根据顶板岩层结构、岩性、采高及采煤方法综合确定。沿空巷道切顶卸压水力压裂钻孔平面布置通常如图 3-7(a)所示,剖面布置通常如图 3-7(b)所示。

表 3-3　水力压裂技术在我国部分煤矿沿空留巷中的应用

地　　点	煤层厚度/m	工作面斜长/m	直接顶厚度/m	基本顶厚度/m	钻孔长度/m	钻孔倾角/(°)	钻孔方位角/(°)	钻孔间距/m	钻孔数量/个	钻孔总长度/m
三元煤业 4306 工作面	7.37	220	11.03	13.85	21.6	70	47.4	7	156	3 369.6
漳村煤矿 2502 工作面	6.48	200	2.7	2.5	20	53	45	15	24	480
余吾煤矿 S1206 工作面	6.34	300	10.85	15.97	30	50	75	10	12	360
王坡煤矿 3316 工作面	5.2	210	6.98	25.72	40	60	90	10	6	240
赵庄矿井 1309 工作面	4.93	219.2	12.9	4.2	19.5	55		15	15	292.5
中兴煤矿 1209 工作面	2.35				30	45	20	8	42	1 230
葫芦素煤矿 21103 工作面	2.54	222.5	5.16	18.55	57	45		15	13	741
回坡底煤矿 10-103 工作面	2.6	197.4		2.32	35	50	0	8	28	980
豹子沟煤矿 3316 工作面	5	201	2.99	11	40	60	10	10	28	1 120
柳湾煤矿 61120 工作面	5	216	3.99	5.84	40	80	10	10	7	280
经坊煤业 3-边角 07 工作面	6.28	139.47	1.4	3.33	75	60	10	10	7	525
石崦煤矿 8024 沿空巷	3.2	286	1.4	5.8	17	45	45		8	136
霍尔辛赫矿井 3802 工作面	5.8	245		11.5	42	45	30	15	8	336
新元煤矿 3109 工作面	2.7	245	2.49	2.35	42	50	17	10	6	252
端氏煤矿 3# 煤层	5.31	279	6.8	8.5	40	79		8	29	1 160
新景煤矿 3107 工作面	2.25				50	50	16	10	27	1 350

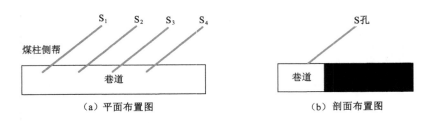

图 3-7 沿空留巷的切顶卸压水力压裂钻孔布置图

3.3.2 施工工艺

对于沿空留巷切顶卸压是要求更为精准的压裂。所以以往工程部分采用定向水力压裂。直接水力压裂和定向水力压裂对比如表 3-4 所列。

表 3-4 直接水力压裂和定向水力压裂对比表

施工工艺	直接水力压裂	定向水力压裂
压裂孔	正常钻孔施工	正常钻孔施工
定向预裂缝	不需要	需更换具有割缝功能的钻头施工
封孔	宜采用双水路双端封孔	宜采用单水路双端封孔
注液压裂	均匀地压裂整个顶板岩层	更精确地控制裂缝的传播路径

直接水力压裂施工工艺同 3.1.2 小节。

定向水力压裂施工工艺:利用地质钻机进行钻孔作业,定向水力压裂需要切割定向预裂缝,压裂孔施工完成后,利用割缝刀具在钻孔底部切割定向预裂缝。开槽钻头主要由切刀、压缩弹簧、钻头导向装置组成。开槽钻头极限伸开长度为 46 cm,极限压缩长度为 42 cm。压裂钻孔打好后,钻杆安装开槽钻头进行切缝,当钻头推进至钻孔底部时,地质钻机继续匀速平稳向前钻进,钻头顶尖顶住孔底,压缩弹簧,主轴将轴用弹性挡圈打开,刀具逐渐被推出到导向装置外,在孔壁指定位置形成横向切缝。当钻杆移动 4 cm 后,压缩弹簧达到极限压缩量,地质钻机停止打钻,收回钻杆以及专用开槽钻头。

封孔、注液压裂按照 3.1.2 小节的工艺施工。

图 3-8 是定向水力压裂施工工艺流程。

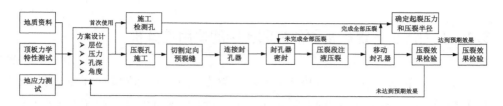

图 3-8 定向水力压裂施工工艺流程图

3.3.3 施工技术要求

割缝作业时,钻机操作台与超高压旋转水尾距离不得少于 2 m,钻机操作台需加设防护挡板。

在加接割缝钻杆前,必须将钻杆的两端和钻杆内孔冲洗干净,以免残留的煤岩屑及其他细小颗粒进入;加接钻杆时需利用钻机将钻杆的连接螺纹旋紧,以保证割缝钻杆的密封效果,检查钻杆密封圈是否完好,若出现破损应及时更换;当连接钻杆的长度接近预定煤孔深度时,应停止钻机推进,并重新核对推入孔内的钻杆深度。

在检查确认割缝钻杆和超高压软管等的连接牢固、可靠后,开启超高压清水泵。待超高压清水泵出水压力达到要求数值后,开启钻机控制油压,钻机以适当的转速带动钻杆旋转,开始进行割缝作业。在割缝作业时钻机动力头夹持器必须卡紧钻杆,防止由于钻杆滑落导致超高压旋转水尾及其与超高压软管连接处触地,造成接头处变形、泄漏。

根据设计的割缝间距进行退钻、分段割缝,直至设计的停割位置。

在完成一个钻孔的割缝作业后,先将泵压缓慢回零再断电,卸下超高压旋转水尾,退出钻杆及高低压转换割缝器;每卸下一根钻杆都应整齐地放置在专用的铁架上,以保护钻杆螺纹和防止杂物进入钻杆。

割缝作业结束后,撤出钻杆后需立即封孔,防止孔内垮孔、瓦斯积聚造成喷孔及瓦斯超限现象发生。

其他施工过程注意事项同 3.1.3 小节、3.2.3 小节。

3.4 水力压裂在煤矿坚硬顶板卸压中的适用性分析

由3.1至3.3节的分析可知,水力压裂在煤矿坚硬顶板卸压中适用于初采初放、末采卸压和巷道卸压,也就是说水力压裂和爆破在煤矿坚硬顶板卸压的适用范围基本相同,但针对不同的工况有显著的使用差别。下面分别从地质条件(地应力)、瓦斯含量、施工时间、施工成本、环境保护、施工效果等方面对爆破和水力压裂在煤矿坚硬顶板卸压中的应用进行对比分析。

(1)地质条件(地应力)

水力压裂现有施工的最大水力压力为60 MPa左右,多为20～30 MPa,在高地应力且顶板完整的情况下可能出现无法克服地应力完成切顶卸压的问题。而爆破切顶卸压是瞬时高集中载荷作用于岩体,不存在高地应力条件下无法克服地应力实现切顶卸压的现象。这时,爆破切顶卸压优于水力压裂切顶卸压。

(2)瓦斯含量

对于高瓦斯矿井,爆破施工存在引发煤与瓦斯突出的可能性。而水力压裂切顶卸压过程中不会产生明火,可避免引发煤与瓦斯突出。这时,水力压裂切顶卸压优于爆破切顶卸压。

(3)施工时间

爆破施工主要包括打钻、布置炸药、引爆等步骤,以220 m斜长的工作面为例,施工时间为7～10天;水力压裂施工主要包括打钻、封孔、压裂等步骤,因水力压裂作用荷载是一个长期的过程,其施工时间相对较长,220 m斜长工作面,施工时间为20～30天。因此,在施工时间方面爆破切顶卸压优于水力压裂切顶卸压。

(4)施工成本

在施工成本方面,以一个斜长为300 m的工作面为例,水力压裂初采初放的施工成本为40万～50万元,爆破的施工成本为50万～60万元。如在柠条塔煤矿水力压裂的费用为爆破费用的89%,在王台铺煤矿水力压裂的费用为爆破费用的81%。可见在施工成本方面,水力压裂切顶卸压略优于爆破切顶卸压。

（5）环境保护

爆破切顶卸压会形成有害气体,污染井下空气,对井下施工人员的身体健康产生一定影响。而水力压裂施工不使用炸药和雷管,且实际用水量并不大,不会造成环境污染。因此,在环境保护方面,显然水力压裂切顶卸压优于爆破切顶卸压。

（6）施工效果

目前,爆破和水力压裂切顶卸压的施工效果评价并未形成完整体系,难以进行准确评价和对比分析,但从文献分析和现场调研结果来看,爆破切顶卸压施工效果更直接和显著。

综上所述,坚硬顶板的爆破切顶卸压和水力压裂切顶卸压适用性对比分析如表 3-5 所示。

表 3-5　煤矿坚硬顶板爆破和水力压裂切顶卸压的适用性对比分析

施工方法	适用范围			适用性					
	初采初放	末采卸压	巷道卸压	地质条件	瓦斯含量	施工时间	施工成本	环境保护	施工效果
爆破	适用	适用	适用	优	差	优	略差	差	优
水力压裂	适用	适用	适用	差	优	差	略优	优	差

注:适用性方面的"优"与"差"或"略优"与"略差"仅为对比分析。

4 爆破的优化设计和施工效果分析

4.1 爆破在煤矿坚硬顶板卸压中的监测方法

4.1.1 钻孔窥视检测

钻孔窥视检测是指将钻孔窥视仪探入钻孔内部，提取孔壁图像、爆破孔深度、倾斜角度等数据信息，用于检测钻孔壁面情况。顶板深孔爆破因封堵段很长，爆破后的实际破碎效果无法从表面获取，可以采用钻孔窥视检测检查钻孔内部爆破效果[116-117]。

钻孔窥视仪如图 4-1 所示。其主要工作原理为：全景摄像探头进入钻孔，探头光源照明孔壁上的摄像区域；孔壁图像经锥面反射镜变换后形成全景图像；全景图像与罗盘方位图像一并进入探头；探头将摄取的图像经专用电缆传输入视频分配器中，一路进入录像机，记录探测的全过程，另一路进入主机内的捕获卡中进行数字化；深度计数器实时测量探头所处的位置，并通过接口板将测得的深度值输入主机中；由深度值控制捕获卡的捕获方式；在连续捕获方式下，全景图像被快速地还原成平面展开图，并实时地显示出来，用于现场监测；在静止捕获方式下，全景图像被快速地存储起来，用于现场的快速分析和室内的统计分析；下降探头直至整个探测结束。

图 4-2 给出了顶板深孔爆破后的钻孔窥视典型案例，可以看出爆破后孔壁发生严重破碎，许多破碎岩石从孔壁处剥落，出现了大量开度较大的裂隙、孔洞分布。

图 4-1　钻孔窥视仪

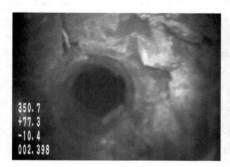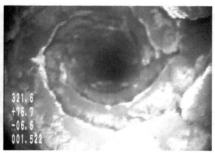

图 4-2　爆破后钻孔窥视结果

4.1.2　声波波速测试

声波波速测试通过将声波测试仪探入钻孔内部,采集传播速度、振幅、频率等声波参数,用于评价岩石损伤情况。声波波速测试是钻孔窥视的补充,可以定量评价爆破孔内的岩石损伤程度[118-119]。

声波波速测试主要采用钻孔法单孔测试,该方法建立在固体介质中弹性波传播理论基础上,以人工激振的方法向介质发射声波,在一定的空间距离上接收被测介质物理特性所调制的声波参数,通过数据处理与分析,解决岩土工程中的有关问题。声波测试仪如图 4-3 所示。

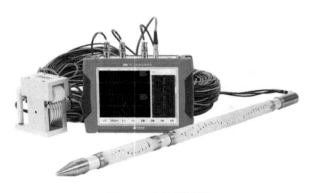

图 4-3　声波测试仪

单孔声波检测用于了解沿孔深方向岩体的情况,在检测时将收、发换能器置于同一钻孔中,发射换能器 F 一般采用圆形压电陶瓷发射声波脉冲,散射半角 φ_1 的大小与发射换能器中压电陶瓷圆管的高度 h 有关。选择适当高度 h 的圆管,按斯奈尔定律,第一临界角为:

$$i = \arcsin \frac{v_R}{v_0} \tag{4-1}$$

式中,v_R 为岩体波速;v_0 为水的波速。

当 $\varphi_1 > 1$ 时,将一束声波通过钻孔的水垫层,以临界角 i 射入岩体中,将在孔壁产生滑行纵波。根据惠更斯原理,沿孔壁滑行波每点都成为新的波源,又以临界角 i 的声波束折射到钻孔中,并被换能器 S_1 和 S_2 接收,如图 4-4 所示。

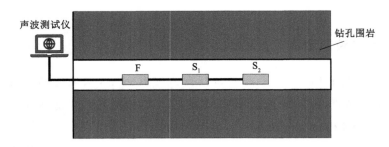

图 4-4　单孔声波波速检测

换能器 F 与 S_1、S_2 之间的距离应设计成使沿孔壁传播的波比经水中传播的直达波先到达 S_1 和 S_2。同时,F 与 S_1、S_2 换能器之间的连接物应采用隔声橡胶或做成网格状,以阻断或延迟经连接物传播的直达波。当分别测得的声波从 F 发射,到达 S_1、S_2 的时间分别为 t_1、t_2 时,S_1 与 S_2 之间声波速度 v_p 可按以下公式计算:

$$v_p = \frac{\Delta L}{t_1 - t_2} \tag{4-2}$$

式中,ΔL 为 S_1、S_2 两个接收换能器间的距离。

记录点位置在两个接收换能器之间,当保持检测点间距等于两个接收换能器间距时,即可取得连续的声波速度曲线,进而得到钻孔周边岩体的深度超声波纵波速度的剖面曲线。

图 4-5 展示了顶板深孔爆破后声波测试结果的典型案例,图中对爆破封堵段和装药段进行了划分,可以看到爆破前声波波速约在 5 000 m/s;爆破后封堵段岩石波速与爆破前基本一致;当接近装药段时,声波波速迅速下降;随着到达装药段,岩石波速低于 3 000 m/s,甚至部分区段达到 1 000 m/s 以下,说明装药段孔内岩石破坏严重,存在大量裂隙,使声波波速降低。

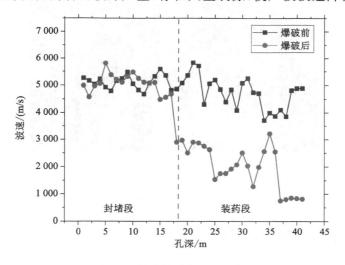

图 4-5　爆破前后声波波速案例

4.1.3　注水观察法

注水观察法是向爆破孔内注入高压水,观测相邻爆破孔或检测孔的透水结果,用于检测孔间岩石破碎贯通效果。该方法适用于顶板深孔爆破多孔扇形布置形式。

多孔布置时爆破孔间距一般为裂隙区半径的 2 倍,爆破后孔间形成贯通裂隙,当使用高压水管探入爆破孔并进行封堵后,若爆破裂隙存在,水会穿过裂隙进入相邻爆破孔,可以直接从孔口观察到水流出。当顶板位于含水岩层无法分辨顶板水还是注入水时,可在注入水中添加颜色料剂用于分辨,例如添加高锰酸钾。

图 4-6 展示了顶板深孔爆破后爆破孔的注水情况,右侧爆破孔为注水孔,高压水管向孔内注水后,有大量水向外流出,在左侧爆破孔孔口可以观察到少量水流出。这说明孔间裂隙已经充分贯通,达到了良好的裂隙扩展效果。

图 4-6　注水观测情况

4.2　爆破数值模拟方案设计

4.2.1　爆破数值模型建立

采用 FLAC3D 建立爆破卸压数值模拟模型,如图 4-7 所示。该模型宽度和高度均为 60 m,厚度为 1 m,共包含 3 个爆破孔、26 814 个单元和 53 774 个网格节点。模型边界条件设置为底面固定、四周以及顶部根据爆破区域初始地应力施加相应的应力边界条件。

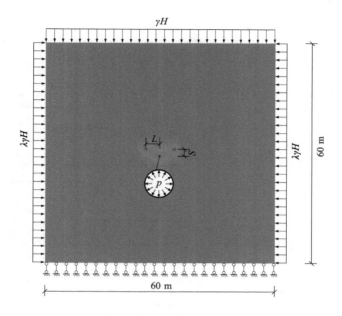

p—单孔爆破峰值压力；L—相邻爆破孔横向间距；S—相邻爆破孔竖向间距；

H—爆破孔埋深；λ—爆破孔侧压力系数；γ—容重。

图 4-7　爆破数值模拟模型

4.2.2　岩体本构模型

考虑岩体类材料在达到承载极限后，其力学强度将降低而渗透率则会提高，采用三线性应变软化模型（见图 4-8）来描述岩体的损伤与渗透率变化特征。当岩体塑性应变 $r_p = 0$ 时，其处于弹性阶段，此时岩体损伤量 $D = 0$，其力学与渗透系数均保持为初始值不变；当岩体出现塑性应变且 $0 < r_p < r_p^r$（r_p^r 为软化极限塑性应变）时，其进入应变软化阶段，此时岩体开始出现损伤（$0 < D < 1$），其力学参数呈线性减小而渗透参数则呈指数增长，具体如式（2-1）～式（2-1）所示；当岩体塑性应变 $r_p > r_p^r$ 时，其进入残余阶段，此时岩体损伤量 $D = 0$，其力学和渗透系数则保持为残余值不变。

$$D = \min(r_p/\varepsilon^{ppr}, 1) \tag{4-3}$$

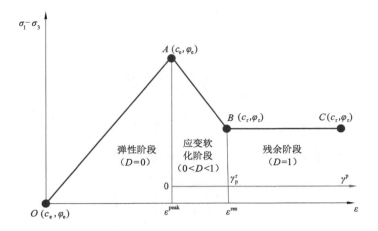

图 4-8 三线性应变软化模型

$$\begin{cases} c = (1-D)c_e + Dc_r \\ \varphi = (1-D)\varphi_e + D\varphi_r \\ \sigma_t = (1-D)\sigma_{te} + D\sigma_{tr} \\ E = (1-D)E_e + DE_r \end{cases} \tag{4-4}$$

$$k = k_e e^{aD} \tag{4-5}$$

式中，c_e、φ_e、σ_{te}、E_e 分别为岩体弹性阶段的内聚力、内摩擦角、抗拉强度和弹性模量；c_r、φ_r、σ_{ter}、E_r 分别为岩体残余阶段的内聚力、内摩擦角、抗拉强度和弹性模量；k_e 为岩体损伤前的渗透系数；α 为岩体损伤后的渗透突变参数。

参考现有岩石室内试验成果，取工作面顶板砂岩的计算参数，如表 4-1 所列。

表 4-1 顶板砂岩的计算参数

初始弹性模量/GPa	残余弹性模量/GPa	泊松比	软化极限塑性应变/%	初始内聚力/MPa	残余内聚力/MPa	剪胀角/(°)
8.0	2.0	0.25	0.8	2.6	0.2	15

初始内摩擦角/(°)	残余内摩擦角/(°)	初始抗拉强度/MPa	残余抗拉强度/MPa	孔隙率	初始渗透系数/(m/s)	渗透突变系数
35	27	2.1	0.1	0.05	2.66×10^{-10}	10.0

4.2.3 爆破模拟方法

模拟爆破预裂岩体时,采用对爆破孔孔壁施加动荷载的形式。根据前人研究成果,单孔爆破作用下,爆破孔孔壁所受到的峰值应力可由式(4-6)获得:

$$P_{\mathrm{m}} = \frac{\rho v^2}{8} \left(\frac{d}{D} \right)^3 \tag{4-6}$$

式中,P_{m} 为单孔爆破作用于孔壁的峰值应力;ρ 为炸药密度;v 为炸药炮轰速度;d 为炸药药卷直径;D 为爆破孔直径。

峰值应力确定以后,采用 Jong 改进的应力波时间函数对爆破孔孔壁进行动态加载,模拟巷道的爆破冲击作用,如式(4-7)所示:

$$\begin{cases} P_t = 4P_s (e^{-\beta t/\sqrt{2}} - e^{-\sqrt{2}\beta t}) \\ \beta = -\sqrt{2} \ln (1/2) / T_{\mathrm{m}} \end{cases} \tag{4-7}$$

式中,P_t 为不同爆炸时间节点下计算面所受到的爆炸应力;β 为阻尼系数;t 为爆炸作用时间;T_{m} 为爆炸作用到达峰值应力点的时间。

取炸药密度为 1 200 kg/m³,药卷直径为 60 mm,爆破孔直径为 80 mm,炸药炮轰速度为 3 800 m/s,爆炸峰值点时间为 200 μm,爆炸作用时间为 5 000 μm。于是,可得到爆破荷载作用下单个爆破孔孔壁所受到的爆炸应力随时间的变化曲线,如图 4-9 所示。

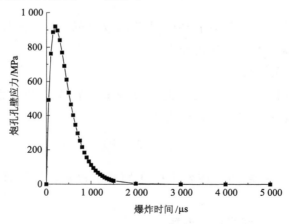

图 4-9 爆破荷载作用下爆破孔孔壁应力曲线

此外，在进行动力分析时，还需设置岩体的瑞利阻尼参数。根据经验，取砂岩主频以及临界阻尼比大小分别为 250 Hz 和 0.5%。

4.2.4 爆破模拟方案设计

为模拟不同因素对爆破效果的影响，并进行爆破卸压参数的优化，设计了以下数值模拟方案：

（1）地应力对爆破卸压效果影响分析。保持单孔爆破峰值压力 p 为 920 MPa，保持相邻孔横向间距 L 和竖向间距 S 分别为 5.0 m 和 2.5 m；令爆破孔埋深 H 分别 100 m、300 m、500 m 以及 800 m，爆破孔侧压力系数 λ 分别为 0.2、0.5、0.9、1.2、1.5 以及 1.8。

（2）爆破孔布置方式对爆破卸压效果影响分析。保持单孔爆破峰值压力 p 为 920 MPa，保持爆破孔埋深 H 和侧压力系数 λ 分别为 500 m 和 1.2，保持相邻孔横向间距 L 为 4.0 m；令相邻孔竖向间距 S 分别为 0、2.0 m、4.0 m、8.0 m 以及 16.0 m。

（3）爆破孔峰值压力及爆破孔间距对爆破卸压效果影响分析。保持爆破孔埋深 H 和侧压力系数 λ 分别为 500 m 和 1.2，保持相邻孔竖向间距 $S=0.5L$；令单孔爆破峰值压力 p 分别为 460 MPa、920 MPa、1 840 MPa 和 3 680 MPa，令相邻孔横向间距 L 分别为 3.0 m、5.0 m、8.0 m、10.0 m 和 15.0 m。

4.2.5 爆破卸压效果评价指标

为分析不同爆破参数对岩体爆破卸压效果的影响，采用下述几个指标对数值模型计算结果进行描述分析。

（1）相邻爆破孔贯通率

相邻爆破孔的相互贯通情况能够反映整个岩体在爆破后的完整状态，采用相邻孔贯通率 k 来对此进行描述：

$$k = \frac{L_t}{L_w} \tag{4-8}$$

式中，L_t 表示相邻孔之间岩体发生破坏的范围；L_w 表示相邻孔之间岩体的长度。

（2）相邻爆破孔间岩体屈服率

岩体屈服率 A 指爆破后相邻爆破孔间岩体在爆破中心 $2L \times 4L$ 范围内

（见图 4-10）的塑性屈服破坏比率，主要用于反映岩体的破坏范围大小：

$$A = \sum \frac{s_i}{s_0} \qquad (4-9)$$

式中，s_i 表示爆破中心 $2L \times 4L$ 范围内发生屈服的单元面积，s_0 表示爆破中心 $2L \times 4L$ 范围内岩体的面积。

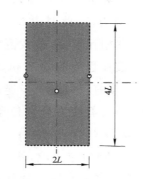

图 4-10　相邻爆破孔间岩体破坏分析范围

（3）相邻爆破孔间岩体损伤率

岩体的损伤率 U 表示爆破后相邻爆破孔间岩体在爆破中心 $2L \times 4L$ 范围内（见图 4-10）的损伤程度，主要用于反映岩体的破碎损伤程度：

$$U = \sum \frac{g_i s_i}{s_0} \qquad (4-10)$$

式中，g_i 表示屈服单元岩体的损伤率，近似等于单元体当前内聚力与初始内聚力的比值。

需要说明的是，由于式（4-7）和式（4-8）手算不太现实，因此，需通过 FLAC3D 提供的内置 fish 语言遍历所有单元，然后对塑性单元内的相关计算参数（如体积、内聚力等）进行自动编程提取才能得到 A 和 U 的值。

4.3　爆破卸压参数优化分析

4.3.1　爆破卸压过程分析

（1）岩体应力变化

不同爆破时间下爆破孔周边岩体最大剪应力变化过程如图 4-11 所示。

由图可知,400 μs 时,爆轰波作用于药包周围的岩壁上,此时岩体最大剪应力以爆破孔为中心作球状向外传播,其最大值达到 100 MPa 以上,超过了围岩抗剪强度,导致岩体发生剪切破坏;1 000 μs 时,由于炸药能量经孔洞向周边岩体呈衰减式传递,此时最大岩体剪应力区域表现为环状绕于孔洞周边,其值超过 40 MPa,岩体剪切破坏进一步扩增;2 000 μs 时,爆轰波在岩体内所激发的冲击波逐渐衰减为应力波,此时由 3 个爆破孔向外做环状辐射的岩体最大剪应力区不断增大并相互重叠,最大值位于叠加区域边缘,大小超过 30 MPa,叠加区岩体剪切破坏程度加剧;5 000 μs 时,爆炸应力波叠加区覆盖爆破孔周边围岩,使得岩体剪应力进一步连通扩散,形成一个以整体爆破孔为中心的球状应力区,最大剪应力分别位于 3 个孔洞周身,其值达到 20 MPa 以上。综上可知,在爆破 400~5 000 μs 过程中,由于原初爆轰波在岩体内所激发的冲击波逐渐衰减为应力波,使得围岩最大剪应力以爆破孔为起始,呈球形经岩体向外围扩散并衰减至环状,当三者爆破区相互叠加及

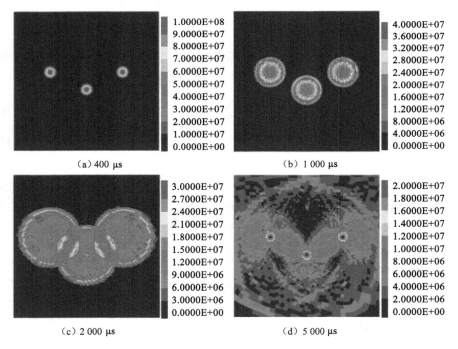

(a) 400 μs

(b) 1 000 μs

(c) 2 000 μs

(d) 5 000 μs

图 4-11　爆破过程中爆破孔周边岩体最大剪应力变化图

贯通时,岩体最大剪应力区域由边缘处带状再次衰减为孔洞周边的环状。

（2）岩体位移变化

不同爆破时间下爆破孔周边岩体最大位移变化过程如图 4-12 所示。由图 4-12 并结合图 4-11 可知,400 μs 时爆轰波已经沿着爆破孔向四周岩体扩散,并使孔洞周边产生直径为 1.32 m 的圆形位移区域,其中洞周直径为 0.54 m 范围内的岩体位移达到最大值 15 mm;1 000 μs 时,由于时间效应,在岩体内被激发的冲击波进一步扩散,使得洞周围岩圆形位移区直径增长至 2.86 m,而最大岩体位移区直径增加到 2.32 m,其值大小不变;2 000 μs 时,随着时间推移,岩体内的冲击波逐渐衰减为应力波,由三个孔洞内部传递而出的爆破应力波出现碰撞并相互叠加,使得中间爆破孔与左、右两侧孔洞各形成宽为 4.15 m 的贯通通道,此时岩体圆形位移区直径增至 5.7 m,最大围岩位移区域与大小未变,而贯通区由于应力波的叠加,使得岩体发生"压碎"现象,其位移近乎为 0;5 000 μs 时,由于应力波在压碎区域之外继续

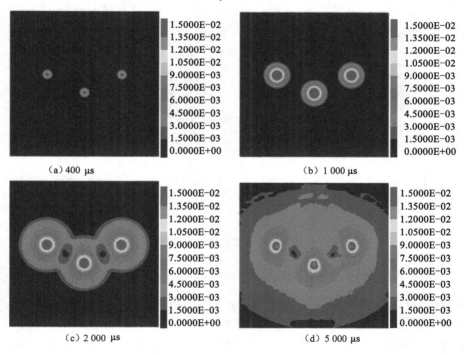

(a) 400 μs

(b) 1 000 μs

(c) 2 000 μs

(d) 5 000 μs

图 4-12　爆破过程中爆破孔周边岩体最大位移变化图

产生径向裂缝,使得 3 个爆破孔完全贯通,此时围岩位移区域整体呈直径 15.76 m 的圆形,最大围岩位移存于各洞周直径 1.08 m 范围内,其值超过 15 mm,且直径为 11.4～15.76 m 范围内的岩体位移过小,可忽略不计。

（3）岩体塑性区变化

不同爆破时间下爆破孔周边岩体塑性区变化过程如图 4-13 所示。

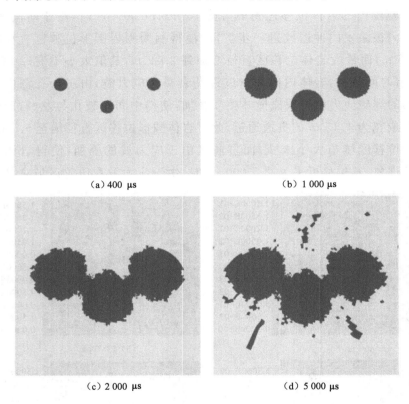

（a）400 μs   （b）1 000 μs

（c）2 000 μs   （d）5 000 μs

图 4-13　爆破过程中爆破孔周边岩体塑性区变化图

由图 4-13 可知,400 μs 时,爆轰波已使孔洞内药包周边岩壁产生塑形应变,形成 3 个以爆破孔为中心、直径 1.06 m 的圆形塑性区域;1 000 μs 时,在时间效应的作用下,爆轰波于岩体内所激发的冲击波进一步扩散,使得围岩塑性变形加剧,圆形塑性区直径扩大到 2.79 m,在此之前,每个围岩塑性区域只以爆破孔为中心呈圆形向外辐射扩张,其间 3 个塑性区虽增大但并未贯通;当爆破 2 000 μs 时,岩体内冲击波逐渐衰减为应力波,但其塑性变形仍在持续,此时各个圆形塑性区直径增大到 4.97 m,且中间爆破孔塑性区与其左、右两侧塑性区开始重叠并相互贯通,贯通通道长 1.73 m、宽 0.63 m,塑性区整体呈"V"状;当爆破 5 000 μs 时,塑性区直径扩增为 5.05 m,贯通区域长、宽分别增长至 2.14 m 与 0.91 m,3 个孔洞周边塑性区域轻微扩张,且有着向中间爆破孔正上方及其左、右下侧发展的趋势。综上可知,在爆破 400～2 000 μs 过程中塑性区域扩张幅度较大,而在 2 000 μs 以后,爆破塑性区变化较小,基本上能够保持稳定。

（4）岩体损伤量变化

不同爆破时间下爆破孔周边岩体损伤率变化过程如图 4-14 所示。

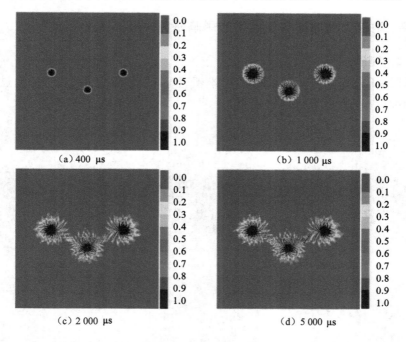

图 4-14　爆破过程中爆破孔周边岩体损伤率变化图

由图 4-14 并结合图 4-13 可知,400 μs 时,爆轰波经各孔洞内向周围岩体传递,并致其破裂,使得以爆破孔为圆心、直径 1.01 m 范围内岩体出现损伤,且直径 0.72 m 范围内的岩体相对变形量超过极限塑性应变,其损伤率达到 100% 后发生破碎现象,该破碎区状若"海胆";1 000 μs 时,由于时间效应,爆轰波在岩体内所激发的冲击波进一步扩散,洞周围岩变形量加剧,使得岩体圆形损伤区直径增大到 2.32 m,"海胆"状破碎区直径增至 1.16 m;2 000 μs 时,岩体内部冲击波逐渐衰减为应力波,中间爆破孔与左、右两侧爆破孔相互贯通,贯通通道内岩体处于损伤状态,其损伤率在 60%～80% 不等,此时圆形损伤区与"海胆"状破碎区直径分别扩增至 3.48 m 和 1.59 m;5 000 μs 时,三个爆破孔周边塑性区进一步扩大叠加,贯通区岩体损伤率增长到 60%～100% 不等,此时圆形损伤区域与"海胆状"破碎区直径分别扩大到 3.62 m 和 1.74 m。综上可知,在爆破 400～2 000 μs 过程中爆破孔周边岩体损伤区增长幅度较大,而在 2 000 μs 以后,岩体圆形损伤区与"海胆"状破碎区变化较小,基本上能够保持稳定。

4.3.2 地应力对爆破卸压效果的影响研究

(1) 埋深 100 m

埋深 100 m 条件下爆破后岩体塑性区随侧压力系数的变化过程如图 4-15 所示。

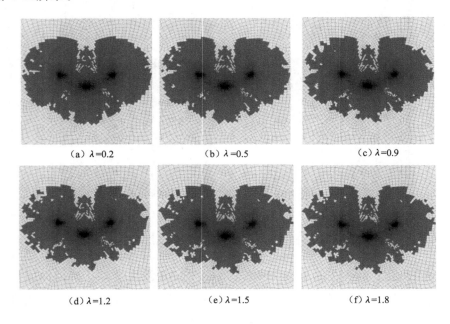

(a) $\lambda=0.2$ (b) $\lambda=0.5$ (c) $\lambda=0.9$

(d) $\lambda=1.2$ (e) $\lambda=1.5$ (f) $\lambda=1.8$

图 4-15　埋深 100 m 条件下爆破后岩体塑性区随侧压力系数的变化图

由图 4-15 可知,埋深 100 m 时,爆破应力波使得爆破孔周边岩体产生塑性应变,且中间孔塑性区与左右孔塑性区相互贯通,在侧压力系数 λ 由 0.2 增大到 0.5 的过程中,整个塑性区域呈"心"形,宽 23.27 m、高 14.77 m,贯通通道宽度均值为 4.79 m;当侧压力系数由 0.5 增至 1.2 时,心形塑性区宽度增加 0.08 m,高度减小 0.4 m,贯通通道宽度均值减小 0.8 m,边缘塑性模块变得稀少;当侧压力系数由 1.2 增至 1.8 时,塑性区宽度和高度分别增加和减小了 0.2 m,贯通通道宽度均值不变,边缘塑性模块小幅度减少。纵观整个过程,埋深 100 m 时,随着侧压力系数的增加,爆破后围岩塑性区宽度和高度分别有所增加与减小,但变化范围不大。综上分析可知,在 100 m 埋深下侧压力系数对爆破后的围岩塑性变形影响微弱。

埋深 100 m 条件下爆破后岩体屈服率以及损伤率随侧压力系数的变化曲线如图 4-16 所示。由图可知,相邻孔贯通率在侧压力系数 λ 由 0.2 增至 1.8 过程中均达到 100%;岩体平均屈服率随着 λ 的增大呈指数递减式衰减,当 λ 为 0.2～1.2 时曲线变化较快,对应的屈服率由 70.8% 下降到 63.3%,减小了 7.5%,而 λ 为 1.2～1.8 时,曲线平缓呈近水平状,变化不明显;岩体平均损伤率随着 λ 的增大而减小,但变化幅度较小,当 λ 由 0.2 增至 1.8 时,相应损伤率由 8.5% 下降到 7.2%,仅减小了 1.3%。

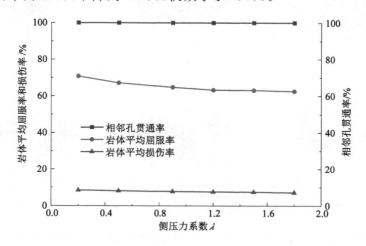

图 4-16   埋深 100 m 条件下爆破后岩体屈服率以及
损伤率随侧压力系数的变化曲线

（2）埋深 300 m

埋深 300 m 条件下爆破后岩体塑性区随侧压力系数的变化过程如图 4-17 所示。由图可知，在 300 m 埋深下，当侧压力系数 λ 为 0.2 时，爆破后围岩塑性区整体呈"心"形，宽 23.27 m、高 14.05 m，中间爆破孔与左右两侧孔洞的塑性区贯通通道宽度均值为 2.94 m；当 λ 为 0.5 时，"心"形塑性区域宽度不变，高度与贯通通道宽度均值分别减小为 10.44 m 和 2.7 m，边缘模块变得稀疏且中间爆破孔上部塑性区不再相连通；当 λ 由 0.5 变为 1.2 时，塑性区边缘模块继续减少，且由"心"形弱化到"V"状，宽度和高度分别减小为 17.57 m 与 7.41 m，贯通通道宽度均值不变；λ 在 1.2～1.8 的变化过程中，"V"形塑性区宽度和高度逐渐减小到 17.09 m 和 5.46 m，贯通通道宽度均值为 2.7 m，区域边缘模块数量小幅度下降。综上分析可知，在 300 m 埋深下侧压力系数对爆破后围岩塑性变形有着比较明显的影响，特别是 λ 在 0.2～0.9 变化过程中，该影响主要体现于"心"形塑性区边缘部分的收缩。

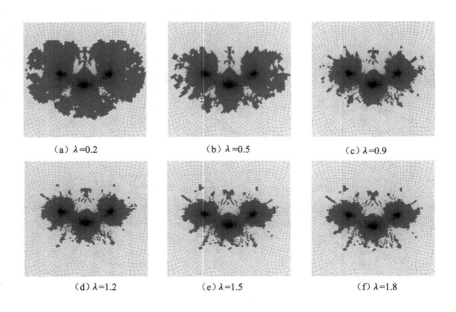

（a）λ=0.2　　　　（b）λ=0.5　　　　（c）λ=0.9

（d）λ=1.2　　　　（e）λ=1.5　　　　（f）λ=1.8

图 4-17　埋深 300 m 条件下爆破后岩体塑性区随侧压力系数的变化图

埋深 300 m 条件下爆破后岩体屈服率以及损伤率随侧压力系数的变化曲线如图 4-18 所示。由图可知，相邻孔贯通率在侧压力系数 λ 由 0.2 增至

1.8过程中均达到100％；岩体平均屈服率随着λ的增大呈指数递减式衰减，在λ为0.2～1.2时曲线变化较快，对应的屈服率由66％下降到34.5％，减小了31.5％，而λ为1.2～1.8时，曲线平缓近水平状，变化不明显；岩体平均损伤率随着λ的增大而减小，但变化幅度较小，当λ由0.2增至1.8时，相应损伤率由7.2％下降到5％，仅减小了2.2％。

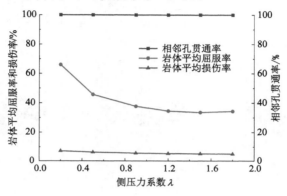

图4-18　埋深300 m条件下爆破后岩体屈服率以及
损伤率随侧压力系数的变化曲线

（3）埋深500 m

埋深500 m条件下爆破后岩体塑性区随侧压力系数的变化过程如图4-19所示。由图可知，在500 m埋深下，当侧压力系数λ为0.2时，爆破后围岩塑性区整体呈"心"形，宽23.32 m、高14.72 m，中间爆破孔与左右两侧孔洞的塑性区贯通通道宽度均值为1.73 m；当λ为0.5时，"心"形塑性区宽度和高度分别减小为21.37 m与10.21 m，贯通通道宽度均值不变，边缘模块变得稀疏且中间孔上部塑性区不再连通；当λ由0.5增至0.9时，塑性区边缘模块进一步减少，且由"心"形弱化为"V"状，其宽度和高度分别减小至16.14 m和6.41 m，贯通通道宽度均值仍为1.73 m；λ在0.9～1.8的变化过程中，"V"形塑性区宽度不变，高度减小到4.27 m，贯通通道宽度均值增至1.83 m，区域边缘模块少量减小。综上分析可知，在500 m埋深下侧压力系数对爆破后围岩塑性变形有着明显的影响，尤其是λ在0.2～0.9变化过程中，该影响主要体现于"心"形塑性区边缘部分的收缩。

埋深500 m条件下爆破后岩体屈服率以及损伤率随侧压力系数的变化

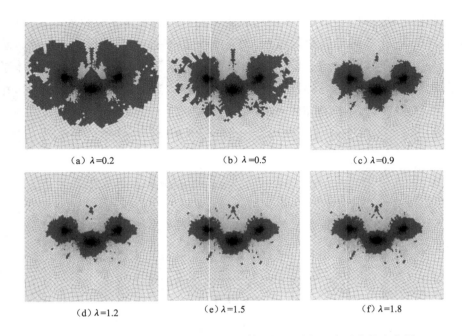

（a）λ=0.2　　　　　　（b）λ=0.5　　　　　　（c）λ=0.9

（d）λ=1.2　　　　　　（e）λ=1.5　　　　　　（f）λ=1.8

图 4-19　埋深 500 m 条件下爆破后岩体塑性区随侧压力系数的变化图

曲线如图 4-20 所示。由图可知,相邻孔贯通率在侧压力系数 λ 由 0.2 增至 1.8 过程中均达到 100%;岩体平均屈服率随着 λ 的增大呈指数递减式衰减,当 λ 为 0.2～1.2 时曲线变化较快,对应的屈服率由 64.4% 下降到 22.9%,

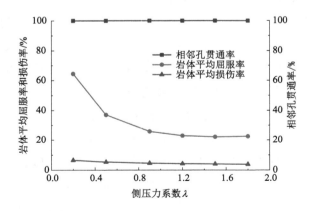

图 4-20　埋深 500 m 条件下爆破后岩体屈服率以及
损伤率随侧压力系数的变化曲线

减小了41.5％,而λ为1.2～1.8时,曲线平缓近水平状,变化不明显;岩体平均损伤率随着λ的增大而减小,但变化幅度较小,当λ由0.2增至1.8时,相应损伤率由6.6％下降到3.9％,仅减小了2.7％。

(4)埋深800 m

埋深800 m条件下爆破后岩体塑性区随侧压力系数的变化过程如图4-21所示。由图可知,在埋深800 m下,当侧压力系数λ为0.2时,爆破后围岩塑性区整体呈"心"形,宽23.03 m、高14.2 m,中间爆破孔与左右两侧孔洞的塑性区贯通通道宽度均值为0.94 m;当λ为0.5时,"心"形塑性区宽度和高度分别减小为14.24 m与6.41 m,贯通通道宽度均值不变,边缘模块大幅度减少且中间孔上部塑性区不再连通;当λ由0.5增至0.9时,塑性区整体弱化为3个以爆破孔为中心、直径3.79 m的圆状塑性区,且所有贯通通道均消失;λ在0.9～1.8的过程中,三个圆形塑性区逐渐变为椭圆状,且长轴由3.79 m增长到4.74 m,贯通通道有恢复趋势。综上分析可知,在800 m埋深下侧压力系数对爆破后围岩塑性变形有着显著的影响,尤其是λ在0.2～0.9的变化过程中,该影响主要表现于整体塑性区边缘部分的收缩以及贯通通道的消失。

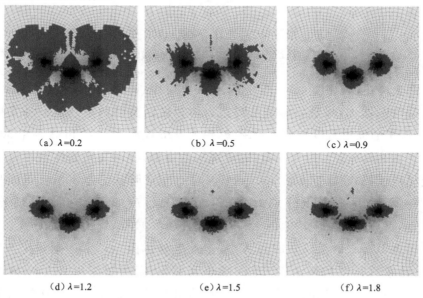

(a) λ=0.2   (b) λ=0.5   (c) λ=0.9

(d) λ=1.2   (e) λ=1.5   (f) λ=1.8

图4-21　埋深800 m条件下爆破后岩体塑性区随侧压力系数的变化图

埋深 800 m 条件下爆破后岩体屈服率以及损伤率随侧压力系数的变化曲线如图 4-22 所示。由图可知,相邻孔贯通率在侧压力系数 λ 为 0.2～0.5 时均达到 100％,λ 为 0.5～1.2 时,贯通率以较快速率下降到 63％,而当 λ 由 1.2 增至 1.8 时,曲线变化幅度不明显;岩体平均屈服率随着 λ 的增大呈指数递减式衰减,当 λ 为 0.2～0.9 时,曲线变化较快,对应的屈服率由 62.7％下降到 13.2％,减小了 49.5％,而 λ 为 0.9～1.8 时,曲线平缓近水平状,变化不明显;岩体平均损伤率随着 λ 的增大而减小,但变化幅度较小,当 λ 由 0.2 增至 1.8 时,相应损伤率由 6％下降到 2.6％,仅减小了 3.4％。

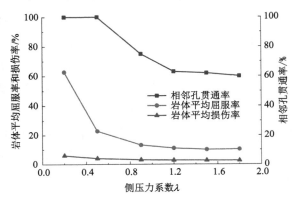

图 4-22   埋深 800 m 条件下爆破后岩体屈服率以及
损伤率随侧压力系数的变化曲线

综上所述,对比图 4-15、图 4-17、图 4-19 和图 4-21 可知:当 λ 为 0.2 时,随着埋深的增加,爆破后爆破孔周边岩体塑性区整体均呈"心"形且变化不明显,但贯通通道宽度均值逐渐缩减,由 100 m 埋深下 4.79 m 减小到 800 m 埋深下 0.94 m;当 λ 为 0.5 时,随着埋深的增加,孔洞周边岩体塑性模块逐渐变得稀疏,塑性区整体由 100 m 埋深时的"心"形弱化为 800 m 埋深时的"中"字状,宽度和高度分别由 23.27 m 和 14.77 m 减小到 14.24 m 和 6.41 m,贯通通道宽度均值由 4.79 m 减小为 0.94 m;当 λ 为 0.9～1.8 时,在埋深由 100 m 增至 500 m 过程中,塑性区整体由"心"形逐渐弱化为"V"状,贯通通道宽度均值由 3.99 m 减小到 2 m,而当埋深由 500 m 增加到 800 m 时,贯通通道逐渐消失,塑性区整体由"V"形变为 3 个独立的椭圆状区域。

4.3.3　爆破孔布置形式优化

不同爆破孔布置形式下爆破后岩体塑性区分布如图 4-23 所示。观察各工况的塑性区最终形态可见，爆破孔起爆后，对周边岩石形成的损伤范围随爆破孔间距大小而不同，爆破孔竖向间距 S 为 0、0.5L 和 1L 时，爆破孔连线中心处压力叠加，使得塑性屈服区贯通，贯通通道宽度均值分别为 1.6 m、1.98 m 和 1.29 m。当 $S=0$ 时，爆破后整个塑性区呈"糖葫芦串"状，爆破孔周围压应力对围岩作用明显，使得围岩中心面积过多破碎，破碎面积小；当 $S=1.0L$ 时，爆破后的塑性区整体呈"V"形，岩体中裂纹分叉更多，断面粗糙度更高，破碎面积进一步增大；当 S 为 2.0L～4.0L 时，爆破孔之间的压应力明显减少，不足以使得裂隙贯通，基本上形成各自独立的爆破区。综上分析可知，当 S 为 0～1.0L 时，爆破孔间因应力波叠加，在叠加处应力波幅值增大所产生的塑性区也增大，爆破孔间贯通，岩石破碎效果好，但随着布孔间距的增大，爆炸应力波的衰减导致应力场叠加效应减弱，岩石的损伤程度明显降低。

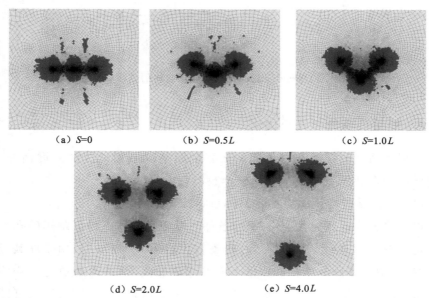

图 4-23　不同爆破孔布置形式下爆破后岩体塑性区分布图

不同爆破孔布置形式下爆破后岩体的屈服率及损伤率如图 4-24 所示。由图可知,随着爆破孔竖向布置间距增大,相邻孔贯通率先保持 100%,在相邻孔竖横间距比 S/L 大于 1 后,逐渐降低至 65%;岩体平均屈服率先增大后降低,由初始的 29.2%,在 $S/L=1$ 时达到最大值 33.8%,后又逐渐降低,当在 $S/L=4$ 时降到最低值 18.1%;岩体平均损伤率逐渐降低,从最初的 6.9% 到 $S/L=1$ 时为 6.6%,再到 $S/L=4$ 时最低为 3.2%。综上分析可知,当相邻孔竖横间距比在 0.5~1 时,岩石破碎塑性区以及裂隙区扩展范围大,爆破卸压效果好,对炸药产生的能量利用更充分,爆破块度碎裂更加均匀,爆破块度得到了更好的控制。

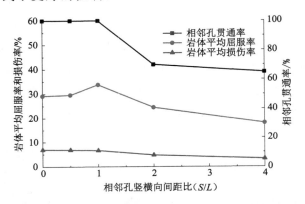

图 4-24　不同爆破孔布置形式下爆破后岩体的屈服率及损伤率

4.3.4　爆破装药量与孔距优化

模拟炸药量与爆破孔在不同的布置间距情况下塑性区的发展情况,通过塑性区的发展能确定最优的爆破参数组合方式。

(1) 单孔爆破峰值压力 460 MPa

单孔爆破峰值压力为 460 MPa 条件下爆破后岩体塑性区随爆破孔孔距的变化如图 4-25 所示。由图可知,当爆破孔间距 $L=3$ m 时,由于爆破应力波的叠加,中间爆破孔塑性屈服区与左右两侧相贯通,贯通通道宽度均值为 0.93 m,塑性区域整体呈"V"状。当 L 为 3~15 m 时,由于应力波的衰减导致应力场叠加效应减弱,使得爆破后塑性屈服区未能实现贯通,且随着爆破孔间距的增大,爆破后塑性屈服区面积逐渐减小。综上所述,当单孔爆破峰值压力为 460 MPa 时,爆破孔间距 $L=3$ m 时爆破效果最好。

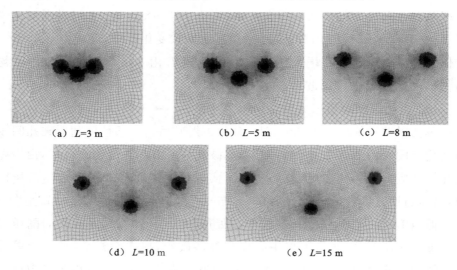

(a) $L=3$ m　　　　　(b) $L=5$ m　　　　　(c) $L=8$ m

(d) $L=10$ m　　　　　　(e) $L=15$ m

图 4-25　单孔爆破峰值压力为 460 MPa 条件下爆破后
岩体塑性区随爆破孔间距的变化图

单孔爆破峰值压力为 460 MPa 条件下爆破后岩体屈服率及损伤率随爆破孔间距的变化曲线如图 4-26 所示。由图可知,相邻孔贯通率随着 L 的增大呈指数式递减,在 L 为 3~10 m 时,相邻孔贯通率变化较快,其值减少了

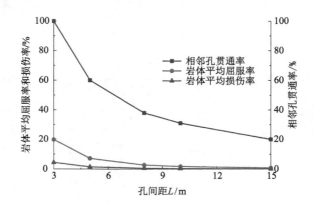

图 4-26　单孔爆破峰值压力为 460 MPa 条件下爆破后岩体
屈服率及损伤率随爆破孔间距的变化曲线

68%，而在 L 为 10~15 m 时，贯通率变化幅度小，仅减少了 9%；岩体平均屈服率随着孔间距 L 的增大而缓慢减小，当 L 为 3~8 m 时，平均屈服率减少了 17%，而 L 为 8~15 m 时，曲线平缓近水平状变化较慢，仅减少了 1.9%；岩体平均损伤率随着 L 增大变化幅度很小，当 L 由 3 m 增至 15 m 时，平均损伤率在 0.2%~4.5%波动。

（2）单孔爆破峰值压力 920 MPa

单孔爆破峰值压力为 920 MPa 条件下爆破后岩体塑性区随爆破孔间距的变化如图 4-27 所示。由图可知，当爆破孔间距 L 为 3 m 与 5 m 时，由于爆破孔爆炸应力波的叠加，爆破后塑性区实现贯通进而形成了有效的卸压区域，贯通通道宽度均值分别为 1.03 m 与 1.77 m，两者塑性区整体皆呈"V"状。但当 L＝3 m 时，爆破孔连线中心处压应力明显叠加，爆破孔周围压应力对围岩作用明显，使得围岩中心面积过多破碎，损伤面积小，虽然两爆破孔之间的压应力明显，但浪费炸药能量。当 L 为 5~15 m 时，由于应力波的衰减导致应力场叠加效应减弱，爆破形成的塑性区并未能实现贯通形成有效的卸压带，但随着爆破孔间距的增大，爆破后塑性区面积逐渐减小。

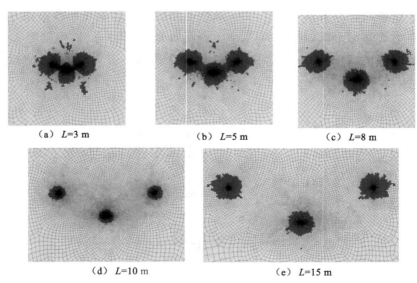

（a）L＝3 m　　　　（b）L＝5 m　　　　（c）L＝8 m

（d）L＝10 m　　　　（e）L＝15 m

图 4-27　单孔爆破峰值压力为 920 MPa 条件下爆破后
岩体塑性区随爆破孔间距的变化图

单孔爆破峰值压力为 920 MPa 条件下爆破后岩体屈服率及损伤率随爆破孔间距的变化曲线如图 4-28 所示。由图可知,相邻孔贯通率和岩体平均屈服率均随孔间距 L 的增大呈指数式递减,当 L 为 3~10 m 时,贯通率和平均屈服率依次减少了 66%、34.1%,当 L 为 10~15 m 时,贯通率和平均屈服率依次减少了 13%、2.8%,可见相邻孔贯通率、岩体屈服率在 L 为 3~10 m 时变化较快,在 L 为 10~15 m 时变化较慢;岩体平均损伤率随着 L 的增大变化幅度不大,当 L 为 3~8 m 时,平均损伤率减少了 9.9%,当 L 为 10~15 m 时,平均损伤率仅减少了 0.5%。

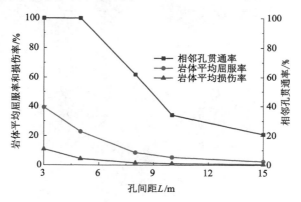

图 4-28　单孔爆破峰值压力为 920 MPa 条件下爆破后岩体屈服率及
损伤率随爆破孔间距的变化曲线

（3）单孔爆破峰值压力 1 840 MPa

单孔爆破峰值压力为 1 840 MPa 条件下爆破后岩体塑性区随爆破孔间距的变化如图 4-29 所示。由图可知,当 L 为 3~10 m 时,由于爆破孔爆炸应力波的叠加,爆破后塑性区实现贯通形成了有效的卸压区域,贯通通道宽度均值分别为 1.15 m、3.39 m、2.14 m 和 0.74 m,塑性区整体呈"心"形。但是当 L＝3 m 时,爆破孔连线中心处压应力明显叠加,爆破孔周围压应力对围岩作用明显,使得围岩中心面积过多破碎,损伤面积小,虽然两爆破孔之间的压应力明显,但浪费炸药能量。当 L 为 10~15 m 时,由于应力波的衰减导致应力场叠加效应减弱,爆破形成的塑性区并未能实现贯通形成有效的卸压带,但随着爆破孔间距的增大,爆破后塑性区面积逐渐减小。

单孔爆破峰值压力为 1 840 MPa 时爆破后岩体屈服率及损伤率随爆破

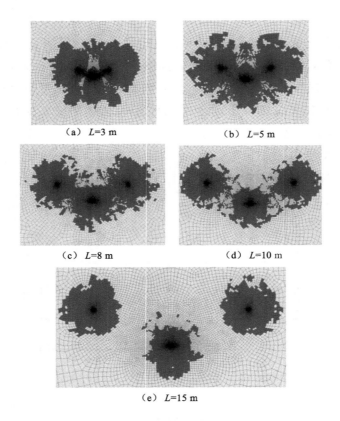

（a）L=3 m　　　　　　　（b）L=5 m

（c）L=8 m　　　　　　　（d）L=10 m

（e）L=15 m

图 4-29　单孔爆破峰值压力为 1 840 MPa 条件下爆破后
岩体塑性区随爆破孔间距的变化图

孔间距的变化曲线如图 4-30 所示。由图可知,岩体平均屈服率和损伤率随着孔间距 L 的增大而呈指数式递减,当 L 为 3～10 m 时,屈服率和损伤率依次减少了 64.8％、20.6％,当 L 为 10～15 m 时,屈服率和损伤率依次减少了 9.6％、1.4％,可见岩体平均屈服率和损伤率在 L 为 3～10 m 时变化较快,在 L 为 10～15 m 时变化较慢;相邻孔贯通率在 L 为 3～10 m 时均达到 100％,当 L 由 10 m 增至 15 m 时,贯通率以较快速率下降到 52％。

（4）单孔爆破峰值压力 3 680 MPa

单孔爆破峰值压力为 3 680 MPa 条件下爆破后岩体塑性区随爆破孔间距的变化如图 4-31 所示。由图可知,当爆破孔间距 L 为 3 m、5 m、8 m、10 m时,由于爆炸应力波的叠加,爆破后塑性区实现贯通形成了有效的卸压区域,

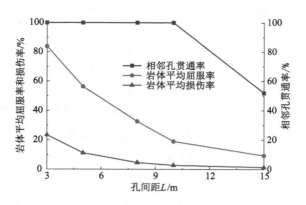

图 4-30 单孔爆破峰值压力为 1 840 MPa 时爆破后岩体屈服率及
损伤率随爆破孔间距的变化曲线

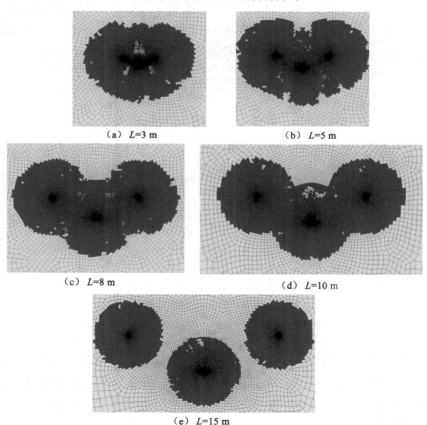

图 4-31 单孔爆破峰值压力为 3 680 MPa 条件下爆破后岩体塑性区随爆破孔间距的变化图

贯通通道分别为 2.13 m、8.6 m、5.5 m 和 4.21 m，且塑性区整体皆近似"心"形。但当 L 为 3～5 m 时，爆破孔连线中心处压应力明显叠加，爆破孔周围压应力对围岩作用明显，使得围岩中心面积过多破碎，损伤面积小，虽然两爆破孔之间的压应力明显，但浪费炸药能量。当 L 大于 10 m 时，由于应力波的衰减导致应力场叠加效应减弱，爆破形成的塑性区未能实现贯通形成有效的卸压带，但随着爆破孔间距的增大，爆破后塑性区面积逐渐减小。

单孔爆破峰值压力为 3 680 MPa 时爆破后岩体屈服率及损伤率随爆破孔间距的变化曲线如图 4-32 所示。由图可知，岩体平均屈服率和损伤率随着孔间距 L 的增大而呈指数式递减，当 L 为 3～10 m 时，屈服率和损伤率依次减少了 59.7%、36%，当 L 为 10～15 m 时，屈服率和损伤率依次减少了 17.2%、3.6%，可见岩体平均屈服率和损伤率在 L 为 3～10 m 时变化较快，在 L 为 10～15 m 时变化较慢；相邻孔贯通率在 L 为 3～10 m 时均达到 100%，当 L 由 10 m 增至 15 m 时，贯通率以较快速率下降到 86%。

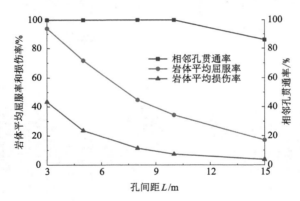

图 4-32　单孔爆破峰值压力为 3 680 MPa 时爆破后岩体屈服率及
损伤率随爆破孔间距的变化曲线

（5）小结

综上所述，对比图 4-25、图 4-27、图 4-29 和图 4-31 可知，当单孔爆破峰值压力一定时，当孔间距较小，爆破孔之间会先受到应力叠加和准静态压力场的叠加，两种叠加效果的作用，使得爆破孔间的损伤程度加剧，导致贯穿裂缝的出现；当孔间距超过一定距离时，损伤受到抑制，除爆破孔之间小部分区域出现较小损伤以外，并没有裂纹的出现。同时，在靠近应力叠加区域附近,中间爆破孔的左右两侧以及两边爆破孔下侧的损伤程度也会受到抑制,损伤程度明显小于其他区域。

当孔间距保持不变时,随着单孔爆破峰值压力的增大,岩体塑性区面积也在增大。爆炸产生的峰值压力越大,相邻爆破孔爆破产生的应力增大,应力叠加使爆破孔间的损伤加剧,导致贯穿裂缝的出现,爆炸产生的塑性区面积越大;当爆破峰值压力选择确定之后,爆破孔间距为成为影响卸压效果的主要因素,选择恰当的爆破孔间距,爆破之后拉伸破坏区域能实现贯通形成有效的卸压带。

4.4 工作面胶运顺槽爆破切顶卸压效果分析

4.4.1 工程概况

余吾煤矿 N2106 工作面顶板岩性如表 4-2 所示。由于其顶板坚硬,工作面开采过程中易引起邻近 N2107 回风顺槽变形过大,影响下个工作面的煤炭开采,因此,对 N2106 胶运顺槽见方处进行爆破切顶卸压作业,爆破区域位置如图 4-33 所示。顺槽切顶孔直径为 80 mm、间距为 10 m,孔深根据各个爆破孔的总长度决定;使用 ϕ65 mm×1 mm(壁厚)的 PVC 管作为炸药的载体,将直径 60 mm 乳化炸药装入 2 m 一根的 PVC 管中,装药量为每米 3 kg;装药方式采用正向装药。每次装药前,在距 PVC 管顶部100 mm位置削一斜槽,用于插入倒刺。

表 4-2   N2106 工作面顶板岩性特征

顶底板名称	岩石名称	厚度/m	岩性特征
基本顶	细粒砂岩-中粒砂岩	6.5～31	灰色,长石、石英砂岩,小交错层理,硅质胶结,含云母片,夹泥岩条带
直接顶	粉砂岩-细粒砂岩	3.7～10.4	灰-浅灰色,中-粗粒砂岩,间夹细粒砂岩及粉砂岩,以石英为主,长石次之,含云母,交错层理,偶见泥质包裹体
直接底	细粒砂岩	2.3～3.5	灰白色,主要成分为石英,含有白云母,具有缓波状层理

表 4-2(续)

顶底板名称	岩石名称	厚度/m	岩性特征
基本底	砂质泥岩-细粒砂岩	7.44～13.4	灰白色,主要成分为石英,含有白云母,具有缓波状层理

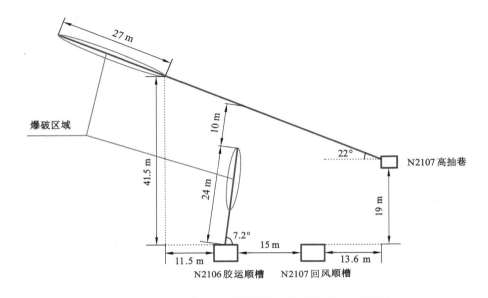

图 4-33　N2106 工作面胶运顺槽见方处顶板预裂爆破设计

4.4.2　数值模拟模型建立与计算步骤

（1）数值模拟模型建立

为模拟 N2106 工作面胶运顺槽爆破切顶的卸压效果,根据 N2106 工作面邻近钻孔顶板岩层柱状图、N2106 工作面胶运顺槽与 N2107 回风顺槽位置关系图等,采用 FLAC3D 建立 N2106 工作面开采数值模型,如图 4-34 所示。模型宽 230 m、厚 20 m、高 600 m,建模包括 N2106 工作面、N2106 胶运顺槽、N2107 回风顺槽、N2107 工作面以及周边的岩体,共包含 122 980 个单元和 143 550 个节点。模型边界条件设定为底部固定、四周法向位移约束、顶面自由,单元体内部侧压力系数取 1.2。岩体本构模型采用应变软化模型,不同岩层的物理力学参数如表 4-3 所示。对于 N2106 胶运顺槽以及

N2107 回风顺槽支护结构,拟采用软件中的结构单元进行模拟,其中,金属网采用壳体(shell)单元,锚杆和锚索采用(cable)单元,单元参数取值如表 4-4所示,具体效果如图 4-35 所示。

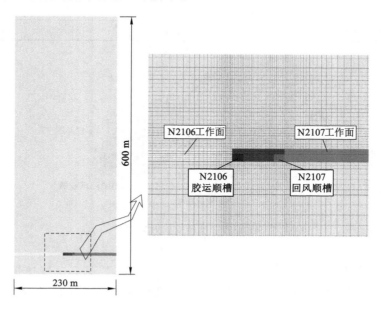

图 4-34 N2106 工作面开采数值模型

表 4-3 不同岩石的物理力学参数

岩层名称	密度 /(kg/m³)	弹性模量 /GPa	峰前内聚力 /MPa	残余内聚力 /MPa	内摩擦角 /(°)	泊松比	抗拉强度 /MPa
粉砂岩	2 650	8.1	2.8	0.2	36	0.18	2.4
粗砂岩	2 580	6.8	2.5	0.2	33	0.20	1.9
细砂岩	2 700	9.6	3.4	0.3	37	0.17	2.5
中砂岩	2 600	7.5	2.7	0.2	35	0.19	2.1
泥岩	2 440	3.2	2.2	0.2	31	0.26	1.5
煤	1 430	2.5	1.8	0.2	32	0.33	1.2
爆破破碎区	2 500	1.5	0.2	0.2	27	0.30	0.1
爆破损伤区	2 600	4.0	1.5	0.2	30	0.25	1.0

表 4-4　顺槽支护结构单元参数

序号	名称	单元类别	厚度/m	弹性模量/GPa	泊松比
1	锚杆	cable	—	210	0.3
2	锚索	cable	—	212	0.3
3	金属网	shell	0.03	5	0.3

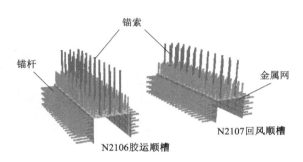

图 4-35　顺槽支护效果图

（2）数值模拟计算步骤

根据实际工作面开采情况，结合数值模拟的目的，将计算工序简化如下：

第 1 步：建立 N2106 工作面开采数值模型，进行初始应力场计算。

第 2 步：一次性全线开挖 N2106 胶运顺槽和 N2107 回风顺槽，同时对顺槽进行支护，然后计算至平衡。

第 3 步：将爆破孔周边 0.5 m 范围内的岩体参数改为爆破破碎区岩体参数；将爆破孔周边 0.5～3.0 m 范围内的岩体参数改为爆破损伤区岩体参数。

第 4 步：开采 N2106 工作面煤层并计算至平衡。

4.4.3　爆破切顶卸压效果分析

（1）N2107 回风顺槽变形分析

图 4-36 给出了 N2106 胶运顺槽有无爆破切顶卸压条件下 N2107 回风顺槽在 N2106 工作面开采后的水平位移分布图。由图可以看出，无爆破切顶卸压条件下，N2107 回风顺槽在 N2106 工作面开采后的最大水平位移达

到 300 mm,出现在顺槽两帮中心偏下的位置,这将导致 N2107 回风顺槽发生严重变形破坏,导致后续 N2107 工作面无法正常开采。而对 N2106 胶运顺槽进行爆破切顶卸压后,N2106 工作面顶板覆岩压力往 N2107 工作面方向的传递比例大幅度减小,使得 N2107 回风顺槽最大水平位移出现位置大体不变,但其最大值则减小至 140 mm,比无爆破切顶卸压条件下减小了将近 53%,这极大保证了 N2107 回风顺槽的安全,确保了矿井煤炭的安全高效开采。

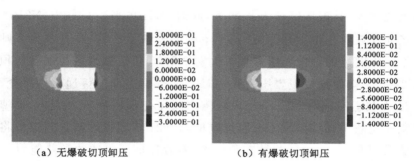

(a) 无爆破切顶卸压　　　　　　　　(b) 有爆破切顶卸压

图 4-36　有无爆破切顶卸压下 N2107 回风顺槽的水平位移分布图

N2106 胶运顺槽有无爆破切顶卸压条件下,N2107 回风顺槽在 N2106 工作面开采后的竖向位移分布如图 4-37 所示。由图可知,无爆破切顶卸压条件下,N2107 回风顺槽在 N2106 工作面开采后的最大竖向位移达到 180 mm,出现在顺槽顶部中心位置,这将导致 N2107 回风顺槽顶板发生严重变形,导致顶板锚杆、锚索被拔出或发生托盘脱落现象,威胁 N2107 回风顺槽安全。而对 N2106 胶运顺槽进行爆破切顶卸压后,N2107 回风顺槽最

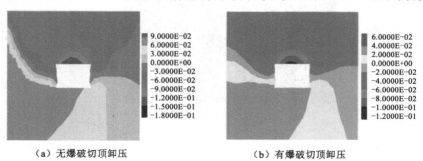

(a) 无爆破切顶卸压　　　　　　　　(b) 有爆破切顶卸压

图 4-37　有无爆破切顶卸压下 N2107 回风顺槽的竖向位移分布图

大竖向位移则减小至 120 mm,比无爆破切顶卸压条件下减小了将近 33%,这极大程度上确保了 N2107 回风顺槽的安全使用。

(2) N2106 胶运顺槽和 N2107 回风顺槽间煤柱破坏区域分析

N2106 胶运顺槽有无爆破切顶卸压条件下,N2106 胶运顺槽与 N2107 回风顺槽之间煤柱在 N2106 工作面开采后的塑性区分布如图 4-38 所示。无爆破切顶卸压条件下,N2106 工作面开采后的顶板覆岩压力将往两侧顺槽煤柱方向转移,导致 N2106 胶运顺槽与 N2107 回风顺槽之间煤柱承担的压力大幅增大,其破坏区域大幅增大,此时,N2106 胶运顺槽与 N2107 回风顺槽之间煤柱仅在中下部保留约 1～2 m 的弹性支承区域,其余地方则都发生了不同程度上的塑性屈服破坏。而对 N2106 胶运顺槽进行爆破切顶卸压后,N2106 工作面顶板覆岩压力往 N2107 工作面方向的传递比例将变小,导致 N2106 胶运顺槽与 N2107 回风顺槽之间煤柱承担的压力变小,其塑性屈服面积相应减小;此时,N2106 胶运顺槽与 N2107 回风顺槽之间煤柱将在中心区域保留有 2～3 m 的弹性支承区域,有效保证了煤柱的承载能力。

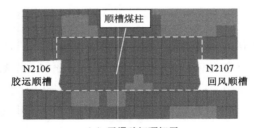

(a) 无爆破切顶卸压

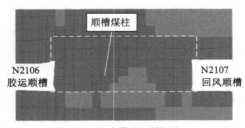

(b) 有爆破切顶卸压

图 4-38　有无爆破切顶卸压下 N2106 胶运顺槽与 N2107 回风顺槽之间
煤柱的塑性区分布图

5　水力压裂优化设计和施工效果分析

5.1　水力压裂数值模拟方案设计

5.1.1　水力压裂数值模型与岩体本构模型

水力压裂数值模型与岩体本构模型同4.2.1小节和4.2.2小节。

5.1.2　水力压裂模拟方法

模拟水力压裂岩体时,采用对压裂孔孔壁施加定水头(水压为致裂水压设定值),然后进行流固耦合计算的形式。流固耦合计算过程中,每计算50步,就利用FLAC3D软件中的fish语言遍历所有单元,然后读取各个单元体的等效塑性应变参数值 r_p,根据式(3-1)~式(3-3)对各单元体内聚力、内摩擦角、弹性模量和渗透系数进行自动修改,直至压裂孔周边应力场和渗流场达到平衡。模型中3个压裂孔的压裂顺序为从右往左,每压完一个压裂孔,就清除其周边岩体内部的水压力,然后再进行下一个压裂孔的压裂,直至3个压裂孔全部压裂完成。

5.1.3　水力压裂模拟方案设计

为模拟不同因素对水力压裂效果的影响,并进行水力压裂参数的优化,设计了以下数值模拟方案:

(1)地应力对水力压裂效果的影响分析。保持致裂水压 p 为30 MPa,

保持相邻压裂孔横向间距 L 和竖向间距 S 分别为 10 m 和 0;令压裂孔埋深 H 分别 100 m、300 m、500 m 以及 800 m,令压裂孔侧压力系数 λ 分别为 0.2、0.5、0.9、1.2、1.5 以及 1.8。

（2）压裂孔布置方式对水力压裂效果影响分析。保持致裂水压 p 为 30 MPa,保持压裂孔埋深 H 和侧压力系数 λ 分别为 500 m 和 1.2,保持相邻压裂孔横向间距 L 为 10.0 m;令相邻压裂孔竖向间距 S 分别为 0、5 m、10 m、20 m 以及 40 m。

（3）致裂水压及压裂孔孔距对水力压裂效果影响分析。保持压裂孔埋深 H 和侧压力系数 λ 分别为 500 m 和 1.2,保持相邻压裂孔竖向间距 $S=0$;令致裂水压 p 分别为 10 MPa、20 MPa、30 MPa、40 MPa 和 50 MPa,令相邻压裂孔横向间距 L 分别为 2.5 m、5.0 m、10.0 m、15.0 m 和 20.0 m。

5.1.4　水力压裂效果评价指标

水力压裂效果评价指标同 4.2.5 小节。

5.2　水力压裂参数优化分析

5.2.1　水力压裂过程分析

（1）岩体应力变化

压裂孔埋深 H 和侧压力系数 λ 分别为 500 m 和 1.2,不同阶段压裂孔周边岩体的最大剪应力分布如图 5-1 所示。首孔压裂过程中,压裂孔周边岩体将出现明显的剪应力破坏,裂隙呈放射状向四周扩散,剪应力分布为越靠近压裂孔中心越大,沿 45° 方向的增大速率明显高于其他方向,局部来看因剪应力集中,最大剪应力出现在裂隙的尖端,最大值为 8 MPa。随着压裂的继续进行,压裂孔周边岩体最大剪应力范围明显增大,最大剪应力分布在裂隙包夹的内部岩石,当压裂孔周边应力场和渗流场达到平衡,此时首孔压裂完成,压裂孔中心约 5 m 范围内出现剪应力集中区。当二孔压裂完成,裂隙仍以压裂孔为中心向四周扩展,两压裂孔之间的裂隙出现贯通,贯通处发生剪应力破坏的范围约为 4 m,岩体发生剪应力破坏的范围,长度约 27 m,宽度约 8 m。当三孔压裂完成,相邻孔之间裂隙均发生贯通,两压裂孔贯通处岩石破坏程度较小约为 4 m,岩体发生剪应力破坏的范围,长度约 35 m、宽度约 12 m。

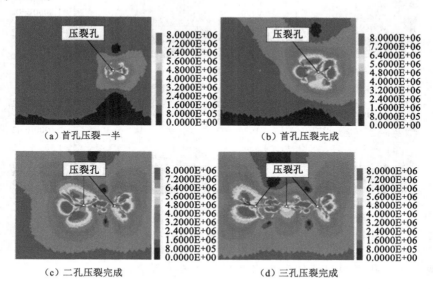

图 5-1　水力压裂过程中压裂孔周边岩体最大剪应力变化图

（2）岩体位移变化

压裂孔埋深 H 和侧压力系数 λ 分别为 500 m 和 1.2,从右往左依次压裂。压裂孔周边岩体的最大位移变化如图 5-2 所示。首孔压裂过程中,压裂孔周边约 10 m 范围内的岩体将产生位移,最大位移值为 10 mm,出现在压裂孔中心位置,并由中心往深处逐渐减小为 0。由于水平向应力大于竖向应力,导致水平向卸载压力较大,所以压裂孔两侧岩体的最大位移要明显小于上下方。首孔压裂完成,压裂孔周边发生位移的岩体范围明显增大,中心处最大位移值增大至 20 mm,压裂孔两侧 7 m 范围外位移基本为 0。二孔压裂完成,压裂孔附近最大位移值增大至 30 mm,明显大于首孔最大位移值,周边岩石发生位移的范围明显增大。三孔压裂完成与二孔压裂相似,最终位移主体集中在压裂孔的上方 5 m 范围内。

（3）岩体塑性区变化

令压裂孔埋深 H 和侧压力系数 λ 分别为 450 m 和 1.2,从右往左依次

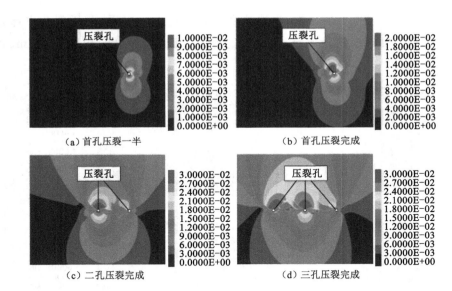

（a）首孔压裂一半　　　　　　　　　　（b）首孔压裂完成

（c）二孔压裂完成　　　　　　　　　　（d）三孔压裂完成

图 5-2　水力压裂过程中压裂孔周边岩体最大位移变化图

压裂。压裂孔周边岩体的塑性区变化如图 5-3 所示。

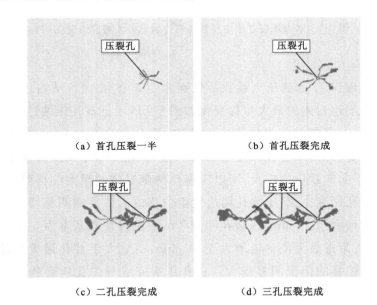

（a）首孔压裂一半　　　　　　　　　　（b）首孔压裂完成

（c）二孔压裂完成　　　　　　　　　　（d）三孔压裂完成

图 5-3　水力压裂过程中压裂孔周边岩体塑性区变化图

首孔压裂过程中,裂隙以压裂孔为中心呈放射状向四周扩散,塑性区范围约 3 m。首孔压裂完成,压裂孔周边岩体塑性区范围增大至 6 m,裂隙宽度增大。二孔压裂完成,与首孔压裂形成的塑性区出现贯通,贯通处岩体塑性变形较为严重,塑性区范围长约 24 m、宽约 10 m。三孔压裂完成与相邻孔均出现贯通,此时塑性区范围长约 35 m、宽约 10 m。

（4）岩体损伤量变化

令压裂孔埋深 H 和侧压力系数 λ 分别为 500 m 和 1.2,从右往左依次压裂。不同阶段压裂孔周边岩体的损伤量变化如图 5-4 所示。首孔压裂过程中,裂隙以压裂孔为中心呈放射状向四周扩散,裂隙扩展范围约 3 m,裂隙内岩体损伤率为 100%,裂隙外基本为 0,在裂隙末端逐渐减小。首孔压裂完成,压裂孔周边裂隙范围增大至 6 m,裂隙宽度增大。二孔压裂完成,与首孔压裂造成的损伤区出现贯通,贯通处损伤范围增大,此时损伤范围长度约 24 m、宽约 8 m。三孔压裂完成,与相邻孔仍出现贯通现象,与二孔压裂相似,贯通后的裂隙扩展范围长约 33 m、宽约 8 m。

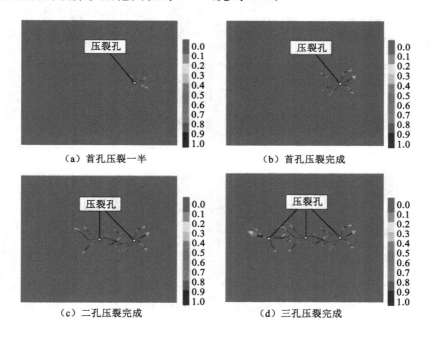

（a）首孔压裂一半　　　　　　　　（b）首孔压裂完成

（c）二孔压裂完成　　　　　　　　（d）三孔压裂完成

图 5-4　水力压裂过程中压裂孔周边岩体损伤量变化图

5.2.2　地应力对爆破卸压效果的影响研究

令致裂水压 p 为 30 MPa，相邻压裂孔横向间距 L 和竖向间距 S 分别为 10 m 和 0 m。

（1）埋深 100 m

埋深 100 m 时，由于地应力较小，相邻压裂孔的塑性区均出现贯通现象，其岩体塑性区变化如图 5-5 所示。随着侧压力系数 λ 的增大，塑性区逐渐由竖直方向向两侧发展。由图 5-6 所示变化曲线可见，当 $\lambda < 1.2$，随着 λ 增大，岩体的平均屈服率和损伤率逐渐下降，但下降程度并不明显；当 $\lambda > 1.2$ 时，岩体的平均屈服率和损伤率基本保持不变；相邻孔贯通率一直保持在 100％。

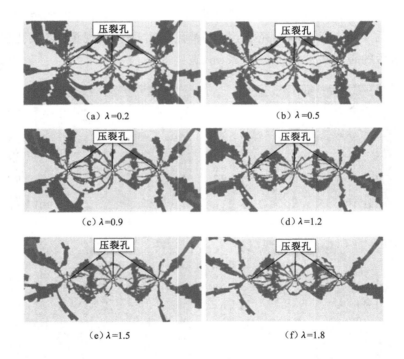

图 5-5　埋深 100 m 条件下水力压裂后岩体塑性区随侧压力系数的变化图

（2）埋深 300 m

埋深 300 m 时，由于地应力较小，相邻压裂孔贯通率仍为 100％。其岩

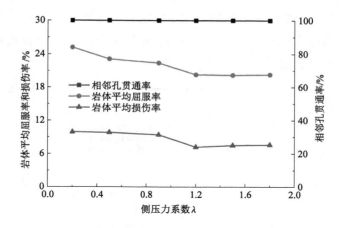

图 5-6　埋深 100 m 条件下水力压裂后岩体屈服率以及
损伤率随侧压力系数的变化曲线

体塑性区变化如图 5-7 所示。随着侧压力系数 λ 的增大，压裂孔周围塑性区逐渐由竖直方向向两侧发展，贯通处塑性区范围也逐渐变小。由图 5-8 所示

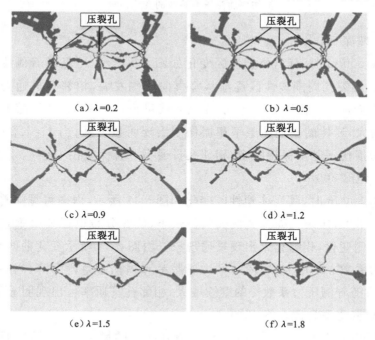

（a）λ=0.2　　　　　　　　　　（b）λ=0.5

（c）λ=0.9　　　　　　　　　　（d）λ=1.2

（e）λ=1.5　　　　　　　　　　（f）λ=1.8

图 5-7　埋深 300 m 条件下水力压裂后岩体塑性区随侧压力系数的变化图

变化曲线可见,当侧压力系数 λ<1.2 时,随着 λ 变大,岩体的平均屈服率和损伤率出现明显下降;当 λ>1.2,平均屈服率和损伤率下降速度明显减缓;相邻孔贯通率一直保持在 100%。

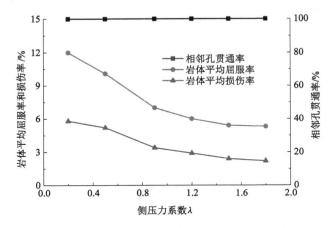

图 5-8 埋深 300 m 条件下水力压裂后岩体屈服率以及
损伤率随侧压力系数的变化曲线

（3）埋深 500 m

埋深 500 m 时,其岩体塑性区变化如图 5-9 所示,可见随着侧压力系数 λ 的增大,压裂孔周围塑性区逐渐从竖直向两侧发展,相邻孔贯通处塑性区范围也逐渐减小。由图 5-10 所示变化曲线可见,当 λ<1.2 时,随着侧压力系数 λ 增大,岩体的平均屈服率和损伤率出现明显下降;当 λ>1.2 时,平均屈服率和损伤率基本保持不变;相邻孔贯通率一直保持在 100%。

（4）埋深 800 m

埋深 800 m 时,其岩体塑性区变化如图 5-11 所示,由图可见随着侧压力系数 λ 的增大,压裂孔周围塑性区明显减小,位置分布也逐渐由垂直方向向压裂孔两侧变化,相邻孔未出现贯通现象。由图 5-12 所示变化曲线可见,随着侧压力系数 λ 的增大,岩体的平均屈服率和损伤率急剧下降,当 λ=0.9 时降低到 0;随着侧压力系数 λ 的继续增大,相邻孔贯通率也出现明显下降;当 λ=0.2 时贯通率为最大值 18%。

综上可知,当侧压力系数不变时,随着埋深的增大,水力压裂的塑性区范围明显减小,裂隙数量减少,相邻孔贯通处塑性区范围减小;当埋深小于

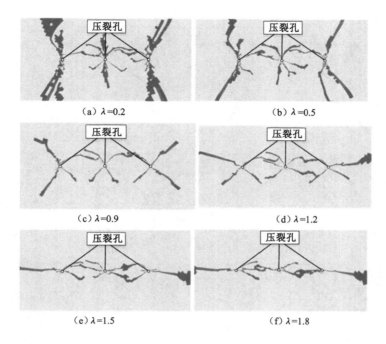

图 5-9　埋深 500 m 条件下水力压裂后岩体塑性区随侧压力系数的变化图

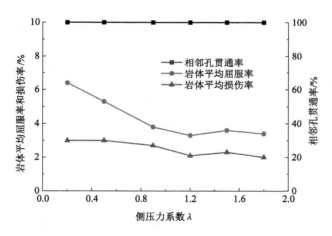

图 5-10　埋深 500 m 条件下水力压裂后岩体屈服率以及
损伤率随侧压力系数的变化曲线

500 m 时,相邻孔贯通率保持在 100%,埋深大于 800 m 后,很少出现贯通现象。因此在实际施工中,当埋深小于 500 m 时水力压裂效果较好。

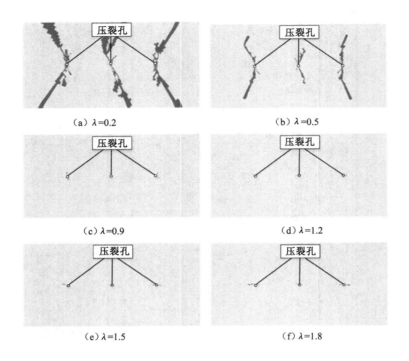

（a）λ=0.2　　　　　　　　　　　　　（b）λ=0.5

（c）λ=0.9　　　　　　　　　　　　　（d）λ=1.2

（e）λ=1.5　　　　　　　　　　　　　（f）λ=1.8

图 5-11　埋深 800 m 条件下水力压裂后岩体塑性区随侧压力系数的变化图

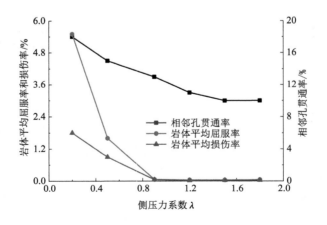

图 5-12　埋深 800 m 条件下水力压裂后岩体屈服率以及
损伤率随侧压力系数的变化曲线

5.2.3 水力压裂孔布置形式优化

不同压裂孔布置形式下水力压裂后岩体塑性区分布以及岩体屈服率与损伤率如图 5-13 和图 5-14 所示。

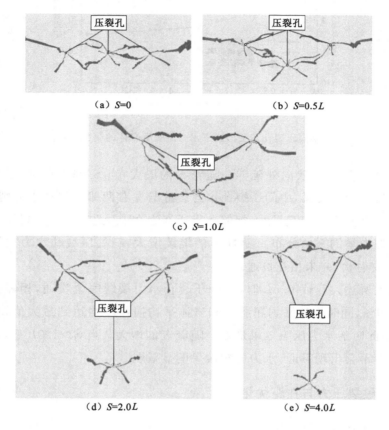

（a）$S=0$ （b）$S=0.5L$

（c）$S=1.0L$

（d）$S=2.0L$ （e）$S=4.0L$

图 5-13　不同压裂孔布置形式下水力压裂后岩体塑性区分布图

由图 5-13 可知,当 $S=0$,即三处压裂孔处于同一水平位置时,三处压裂孔水力裂缝完全贯通,在水平方向相互交叉重叠,相邻孔贯通率为 100%。三处水力裂缝呈水平放射状和 45°倾角向外放射状,裂隙拓展半径约为 10 m。当 $S=0.5L$ 时,三处压裂孔水力裂缝完全贯通,中间压裂孔水力裂缝与左右两处压裂孔水力裂缝 45°方向交叉重叠,相邻孔贯通率为 100%,此时岩体平均屈服率达到最大为 4.3%,岩体平均损伤率达到最大为 2.9%。水

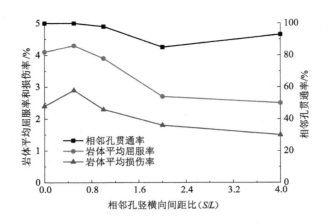

图 5-14　不同压裂孔布置形式下水力压裂后岩体的屈服率及损伤率

力裂缝呈 X 形放射状向外延伸。随着 S 的增大，当 $S=1.0L$ 时，三处压裂孔水力裂缝相互交叉，中间压裂孔水力裂缝与左右两侧压裂孔水力裂缝 $45°$ 方向交叉但并没有相互贯通，相邻孔贯通率为 98％，此时三处压裂孔水力裂缝在模型中呈倒三角分布。随着 S 的继续增大，三处压裂孔水力裂缝各自呈 X 形放射状，并未相互贯通。

综上所述，当 $S=0.5L$ 时，三处压裂孔水力裂缝完全贯通，相邻孔贯通率为 100％，同时岩体平均屈服率和岩体平均损伤率均达到最大值，相比其他工况，此时的水力压裂效果最好。随着 S 的增大。当 $S>1.0L$ 后，压裂孔水力裂缝不会出现贯通，水力压裂效果明显减弱。

5.2.4　致裂压力与孔距优化

（1）致裂压力 10 MPa

水力致裂压力为 10 MPa 时周边岩体塑性区随压裂孔间距变化过程以及岩体屈服率与损伤率随孔间距变化曲线分别如图 5-15 和图 5-16 所示。由图 5-15 可见，致裂压力 10 MPa 时，由于水力致裂压力较小，未达到岩体损伤极限，压裂孔周围岩体并未出现明显的水力裂缝。由图 5-16 可见，当孔间距由 2.5 m 增大到 5 m 时，相邻孔贯通率、岩体平均屈服率和岩体平均损伤率出现急剧减小，然后随着压裂孔间距的增大，三者持续减小。

（2）致裂压力 20 MPa

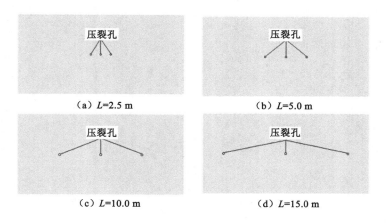

（a）L=2.5 m　　　　　　　　（b）L=5.0 m

（c）L=10.0 m　　　　　　　　（d）L=15.0 m

图 5-15　水力致裂压力为 10 MPa 时周边岩体塑性区随压裂孔间距的变化图

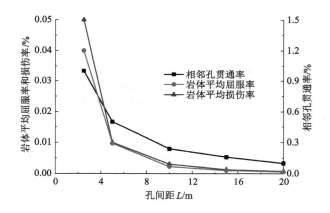

图 5-16　水力致裂压力为 10 MPa 时周边岩体屈服率及
损伤率随压裂孔间距的变化曲线

　　水力致裂压力为 20 MPa 时周边岩体塑性区随压裂孔间距变化过程以及岩体屈服率与损伤率随孔间距变化曲线分别如图 5-17 和图 5-18 所示。由图 5-17可见,水力致裂压力为 20 MPa 时,压裂孔周围岩体开始出现水力裂缝,呈 X 形向四周延伸,但三处压裂孔水力裂缝均未贯通连接。由图 5-18 可见,当孔间距由 2.5 m 增大到 5 m 时,相邻孔贯通率、岩体平均屈服率和岩体平均损伤率出现急剧减小,然后随着压裂孔间距的增大,三者持续减小,在孔间距最小即 L=2.5 m 时,三者达到最大,分别为 45.2%、0.7%、0.4%。

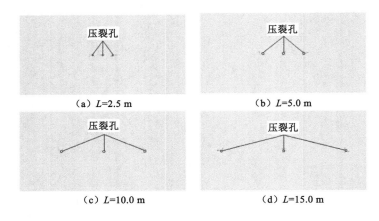

图 5-17　水力致裂压力为 20 MPa 时周边岩体塑性区随压裂孔间距的变化图

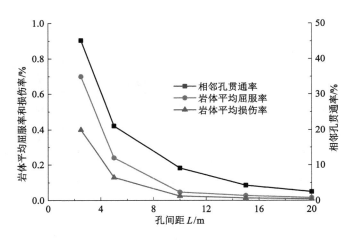

图 5-18　水力致裂压力为 20 MPa 时周边岩体屈服率及
损伤率随压裂孔间距的变化曲线

（3）致裂压力 30 MPa

水力致裂压力为 30 MPa 时周边岩体塑性区随压裂孔间距变化过程以及岩体屈服率与损伤率随孔间距变化曲线分别如图 5-19 和图 5-20 所示。由图 5-19 可见，水力致裂压力为 30 MPa 时，压裂孔周围岩体出现大面积的水力裂缝，三处压裂孔水力裂缝出现交叉贯通，但当压裂孔间距 $L=20$ m 时，三处压裂孔水力裂缝各自延伸发育，并未出现贯通。由图 5-20 可见，当 $L<20$ m 时，相邻孔贯通率均为 100%，同时随着压裂孔间距的增大，岩体平

均屈服率和岩体平均损伤率持续减小,在孔间距最小即 $L=2.5$ m 时,二者均达到最大,分别为 8.8%、4.5%。

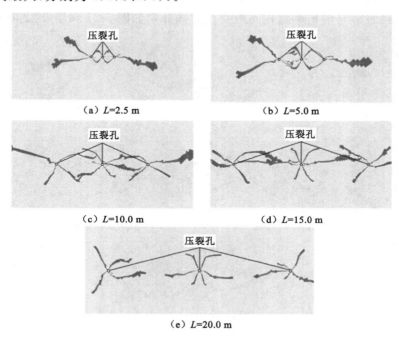

（a）L=2.5 m　　　　　　　　（b）L=5.0 m

（c）L=10.0 m　　　　　　　　（d）L=15.0 m

（e）L=20.0 m

图 5-19　水力致裂压力为 30 MPa 时周边岩体塑性区随压裂孔间距的变化图

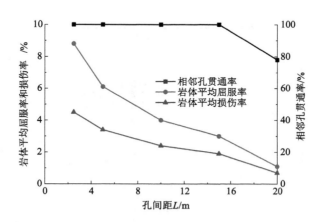

图 5-20　水力致裂压力为 30 MPa 时周边岩体屈服率

及损伤率随压裂孔间距的变化曲线

（4）致裂压力 40 MPa

水力致裂压力为 40 MPa 时周边岩体塑性区随压裂孔间距变化过程以及岩体屈服率与损伤率随孔间距变化曲线分别如图 5-21 和图 5-22 所示。

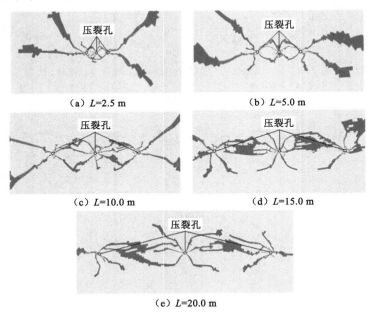

（a）L=2.5 m   （b）L=5.0 m

（c）L=10.0 m   （d）L=15.0 m

（e）L=20.0 m

图 5-21　水力致裂压力为 40 MPa 时周边岩体塑性区随压裂孔间距的变化

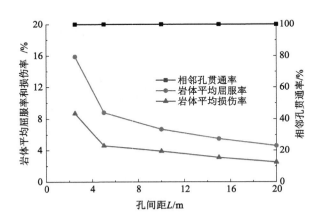

图 5-22　水力致裂压力为 40 MPa 时周边岩体屈服率及
损伤率随压裂孔间距的变化曲线

由图 5-21 可见,水力致裂压力为 40 MPa 时,压裂孔周围岩体出现大范围的水力裂缝,三处压裂孔水力裂缝出现交叉贯通。由图 5-22 可见,孔间距 L 为 2.5~20 m 时,相邻孔贯通率均为 100%,当孔间距由 2.5 m 增大到 5 m 时,岩体平均屈服率和岩体平均损伤率出现急剧减小,然后随着压裂孔间距的增大,二者持续减小,当孔间距最小即 $L=2.5$ m 时,二者均达到最大,分别为 15.9%、8.7%。同时随着孔间距的增大,水力裂缝在模型中分布越广泛。

（5）致裂压力 50 MPa

水力致裂压力为 50 MPa 时周边岩体塑性区随压裂孔间距变化过程以及岩体屈服率与损伤率随压裂孔间距变化曲线分别如图 5-23 和图 5-24 所示。由图 5-23 可见,水力致裂压力为 50 MPa 时,压裂孔周围岩体出现大范围的水力裂缝,三处压裂孔水力裂缝均出现交叉贯通。由图 5-24 可见,孔间距 L 为 2.5~20 m 时,相邻孔贯通率均为 100%,当孔间距由 2.5 m 增大到

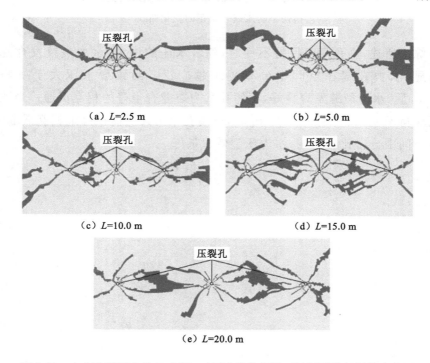

（a）L=2.5 m 　　　　　　　　（b）L=5.0 m

（c）L=10.0 m 　　　　　　　（d）L=15.0 m

（e）L=20.0 m

图 5-23　水力致裂压力为 50 MPa 时周边岩体塑性区随压裂孔间距的变化图

5 m 时,岩体平均屈服率和岩体平均损伤率出现急剧减小,然后随着压裂孔间距的增大,二者持续减小,在孔间距最小即 $L=2.5$ m 时,二者均达到最大,分别为 19.1%、12.5%。

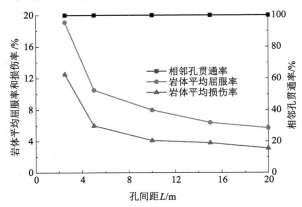

图 5-24　水力致裂压力为 50 MPa 时周边岩体屈服率及
损伤率随压裂孔间距的变化曲线

综上所述,当孔间距保持不变时,随着水压的增大,水力裂缝发育越来越明显,水力裂缝在空间中分布越来越广泛。当致裂水压大于或等于 30 MPa 后,水力裂缝发育良好,相邻孔水力裂缝有很好的相互贯通。当致裂水压保持不变,孔间距 L 为 15 m 时,压裂孔水力裂缝能很好地相互贯通,并且在空间中分布比较均匀,水力压裂效果最好。

6　爆破与水力压裂现场应用案例

6.1　爆破在煤矿坚硬顶板卸压中的应用案例

6.1.1　工程概况

余吾煤矿 N2107 工作面宽度 325 m,开采煤层为 3#煤,煤层厚度 6.2 m,含一层厚度 0.2~0.4 m 碳质泥岩夹矸,顶底板岩性如表 6-1 所示。 N2107 工作面开始推采至 172 m 时,微震监测得到推采范围内的能量事件 及频次与能量关系,如图 6-1 及图 6-2 所示。推采期间共发生 97 个微震事 件,能量 1 000 J 以上的有 3 个,其中能量最大的为 1 400 J,发生位置位于工 作面后方 24 m,距胶带顺槽 79 m,距顶板 18.8 m,为基本顶断裂事件;日最 大发生频次为 19 次,平均频次为 15 次。

表 6-1　顶底板岩性

名称	厚度/m	岩性	岩性特征
基本顶	6.5~31	细中粒砂岩	灰色长石与石英砂岩,夹泥岩条带
直接顶	3.7~10.4	粉砂岩、细粒砂岩	浅灰色长石与石英砂岩,偶见泥质包裹体
直接底	2.3~3.5	细粒砂岩	灰白色石英含有白云母,缓波状层理
基本底	7.4~13.4	砂质泥岩、细粒砂岩	灰白色石英含有白云母,缓波状层理

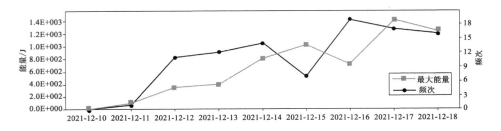

图 6-1　微震事件发生频次及能量

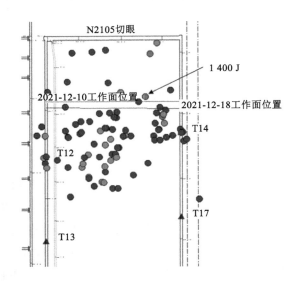

图 6-2　N2107 工作面微震能量事件分布

　　尽管微震数据监测中未发生预警现象,但监测收集的推采期间综采支架最大工作阻力(如图 6-3 所示)显示,多架综采支架超过了额定阻力 38 MPa,导致安全阀开启。超过额定阻力与微震最大能量事件发生时间接近,说明工作面基本顶开始具备来压征兆。

　　调研工作面所处地表区域,观测到 500 m 范围内有地表沉陷、开裂现象(见图 6-4)。基于上述监测判定,工作面推采至采空区见方前,虽然未发生大能量事件,但由于基本顶来压导致综采支架卸压,可能存在坚硬顶板悬顶,这些问题待采空区见方后将成为工作面安全生产的隐患。因此,计划采用顶板深孔爆破技术进行切顶卸压。

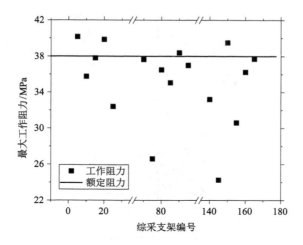

图 6-3　N2107 工作面综采支架最大工作阻力监测

图 6-4　地表情况

6.1.2　顶板深孔爆破方案

6.1.2.1　爆破方案

爆破施工地点位于 N2107 工作面胶带顺槽,但在胶带顺槽水平距离 34 m、垂直距离 19 m 处有一个 N2107 高抽巷,相距较近。实施顶板深孔爆破需要避免扇形孔布置时大范围裂隙与高抽巷导通,因此调整了胶带顺槽的扇形布孔形式,选择在胶带顺槽进行单孔布孔形式。爆破孔的布置如图 6-5所示。

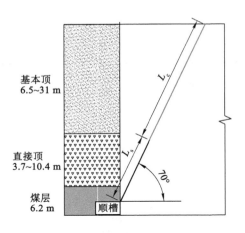

图 6-5　爆破孔布置

6.1.2.2　爆破参数

（1）爆破目标岩层

工作面顶板上方基本顶为厚度 6.5～31 m 的细中粒砂岩,岩石坚硬难垮落,根据综采支架阻力和地面观测分析,可知存在基本顶坚硬顶板悬顶问题。因此目标岩层位于基本顶。

（2）爆破孔角度与深度

考虑胶带顺槽内钻机施工便利,开孔位置定于巷道肩窝处,爆破孔角度为 70°。为了确保爆破孔深度可以覆盖目标坚硬岩层,根据爆破孔角度计算获得孔深为

$$L \geqslant \frac{H_{\max}}{\sin 70°} \qquad (6-1)$$

式中,L 为爆破孔深度;$H_{\max}$ 为基本顶最大高度。当 $H_{\max}$ 取 45 m 时,L 最小为 47.88 m。

（3）不耦合系数

根据爆破参数的设计,空气不耦合装药时,不耦合系数不大于 1.5。炸药选用煤矿三级许用乳化炸药,规格为单卷直径 60 mm,长度 500 mm,质量 1.5 kg。根据钻杆直径规格,钻孔直径为 80 mm,不耦合系数为 1.33。

（4）装药长度与封堵长度

考虑岩层特征,封堵长度应达到基本顶下边界,完全封闭基本顶,根据

安全要求,不少于爆破孔长度的 1/3。装药长度应尽量覆盖基本顶坚硬岩层。

（5）防护安全距离

顶板深孔爆破采用单孔爆破形式,相比于扇形布孔形式,其炸药用量减少较多。现场实测最大炸药用量为 81 kg。根据萨式公式计算最小防护安全距离为 16 m,根据冲击波超压公式计算最小安全距离为 90 m。

6.1.2.3 施工工艺

（1）钻孔施工。

顶板深孔爆破深度大,精度要求高,钻孔工作严格按照设计位置及坡度进行施工,满足定位准、角度精、推进稳、爆破孔齐的要求。钻孔过程中,遇软岩立即停钻,防止孔内坍塌。每一钻孔结束后,须进行探孔,若发现爆破孔内有煤渣、岩渣,应插入高压风管进行冲洗,并立即装药,避免在地应力及震动作用下产生塌孔。

（2）装药施工。

装药使用直径 65 mm、壁厚 1 mm 的 PVC 管作为炸药的载体,将直径 60 mm 的乳化炸药装入 2 m/根的 PVC 管中,装药量为每米 3 kg。装药方式采用正向装药,并使用同段毫秒延期雷管制作 2 个炮头,使用直径 50 mm 的炮棍将炸药送至指定位置。装药完成后在距 PVC 管顶部 100 mm 位置削一斜槽,用于插入倒刺。

（3）封孔施工。

采用兼具搅拌和供浆功能的注浆泵进行封孔施工,将水和特制水泥按配比 1∶2 进行搅拌,在爆破孔内放置返浆管、注浆管和水泥囊袋。返浆管用于判断封堵长度是否满足,注浆管用于注射浆液,水泥囊袋用于封闭空孔。注浆完成后等待 90 min 可爆破。

（4）起爆施工。

封孔前后均需对起爆线路进行导通检测。爆破前根据萨式公式计算安全距离,每次进行爆破作业时采用多层防护,对安全距离内进行立面防护（挂炮被、铁丝网）,对爆破孔处进行加强防护,使用炮被覆盖孔口,预防冲击波与飞石对设施的损害。

6.1.3 顶板深孔爆破效果评价

N2107 回风顺槽内两次采空区见方阶段进行了 13 次起爆,爆破孔数 18 个。其中,一次见方起爆 4 次,爆破孔数 6 孔,二次见方起爆 9 次,爆破孔数 12 孔,具体情况如表 6-2 所示。爆破过程中发生了 3 次冲孔现象,发生原因是凝固时间不足以及水灰比实际配比不精确。

表 6-2 N2107 回风顺槽顶板深孔爆破参数统计

孔号	孔深/m	装药量/kg	装药长度/m	封孔长度/m	凝固时间/min	备注
1-5	55	81	27	28	68	冲孔
1-6	55	66	22	33	90	正常
1-3	55	33	11	44	90	正常
1-7	55	33	11	44		
1-8	55	39	13	42	90	正常
1-9	55	36	11	44		
2-1-3	55	66	22	33	90	冲孔
2-2-3	55	66	22	33	90	冲孔
2-3-2	60	36	12	48	90	正常
2-3-3	55	36	12	43		
2-4-2	60	36	12	48	90	正常
2-4-3	55	36	12	43		
2-5-2	60	36	12	48	90	正常
2-5-3	55	36	12	43		
2-6-3	55	36	12	43	90	正常
2-7-3	55	36	12	43	80	正常
2-8-3	55	36	12	43	70	正常
2-9-3	55	36	12	43	60	正常

爆破前对爆破孔进行了孔壁窥视,如图 6-6 所示。在坚硬岩层处钻孔,孔壁完整且光滑,钻孔整体成孔质量高,孔内无破碎岩渣分布,达到了装药爆破的要求。

爆破后对爆破孔进行了窥视,如图 6-7 所示。由图可见爆破后装药段孔

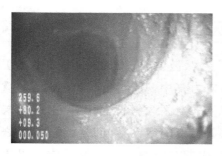

图 6-6　爆破前爆破孔窥视结果

壁岩石发生严重破碎,爆破裂隙明显,破碎的岩渣悬挂在孔壁,实际检测时遇到岩渣堵孔现象。这些情况说明爆破孔内爆破效果较好,可以预测未冲孔的爆破孔,爆炸能量充分在孔内作用,爆破效果也达到要求。

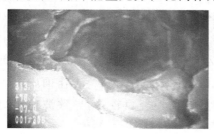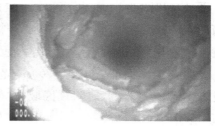

图 6-7　爆破后爆破孔窥视结果

实施顶板深孔爆破前在间距爆破孔 3 m 处布置了检测孔,用于分析爆破裂隙扩展范围。图 6-8 展示了爆破后检测孔窥视结果。检测孔布置在裂隙范围内时,还起到了爆破裂隙引导作用,由图 6-8 可见检测孔内有两条径向裂隙形成,形成了孔壁贯通,证明顶板深孔爆破裂隙范围达到了 3 m以上。

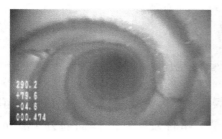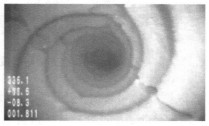

图 6-8　爆破后检测孔窥视结果

6.1.4 卸压效果分析

高应力坚硬顶板引起的灾害具有多发、散发、偶发的特点,其中当工作面推进至采空区见方时是可能诱发高应力集中,甚至发生冲击地压的重要节点。见方效应是指工作面推进长度与采空区倾斜长度相等,上覆岩层在垂直方向上顶板垮落带、断裂带、弯曲下沉带的运动达到最大值,上覆岩层结构失稳叠加厚表土会发生突然加载,引起灾害事故。研究采空区见方时高应力顶板卸压具有重要意义。为了分析顶板深孔爆破的卸压效果,采用微震监测、钻孔应力监测、钻屑监测等方法进行了两次采空区见方的卸压效果检测,评价顶板深孔爆破技术对采空区见方卸压的有效性。

6.1.4.1 微震监测分析

图 6-9 和图 6-10 展示了两次采空区见方范围内的微震时间分布及 CT 反演图。一次见方期间共监测到 99 个微震事件,其中能量 1 000 J 以上的 14 个,占比 14%,最大能量 3 200 J,远小于预警事件能量 8 000 J,且大部分事件发生在工作面前方 100～300 m 范围,并偏向顺槽侧。工作面中进入一次见方的区域为蓝色,表明该区域内煤层或顶板裂隙较多,导致波速传播较慢,顶板压力得到释放。

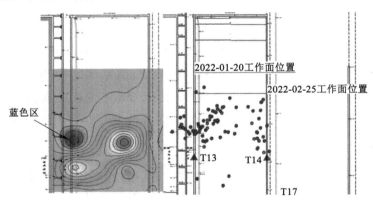

图 6-9 一次见方期间微震事件分布图及 CT 反演云图

二次见方期间共监测到 45 个微震事件,其中能量 1 000 J 以上的有 7 个,占 15.5%,最大能量 6 000 J,且大部分事件发生在工作面前方 150 m 范围内靠近回风顺槽侧。对比一次见方微震数据可看出,工作面进入二次见方影响区后,回风顺槽侧矿压显现剧烈,且发生了一次较大能量事件,但未到达预警事件。这说明采空区见方期间基本顶来压易发生大能量事件,但顶板深孔爆破预先弱化了坚硬岩层强度,起到了预防高应力集中能量事件的作用。

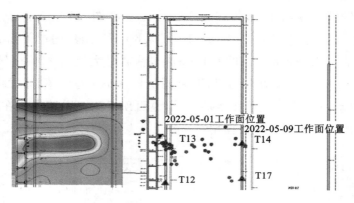

图 6-10　二次见方期间微震事件分布图及 CT 反演云图

6.1.4.2　钻孔应力监测

图 6-11 展示了两次见方期间超前工作面的钻孔应力,监测起点位于超前工作面 30 m,随着工作面推采,监测终点位于超前工作面 8 m。钻孔应力预警值为 12 MPa。由图 6-11 可见,一次见方期间,钻孔应力先上升后减小,

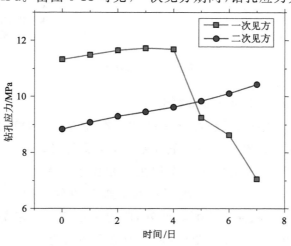

图 6-11　见方期间超前工作面钻孔应力监测

应力极值11.7 MPa,未超过预警值;二次见方期间,钻孔应力呈逐渐上升趋势,应力极值达到10.4 MPa。

6.1.4.3 钻屑监测

两次见方期间在回风顺槽煤墙侧,分别在机尾外50 m、100 m 和 150 m 处进行了钻屑监测,监测结果如图 6-12 所示。在图 6-12(a)中,钻屑最大值为 2.6 kg/m,位于机尾往外 100 m、10 m 深的位置,虽然超过了标准值,但远低于危险值 4.42 kg/m。在图 6-12(b)中,钻屑最大值为 2.5 kg/m,远低于危险值 9.15 kg/m。两次见方期间,钻屑值均远小于危险值,未发生吸钻、夹钻、塌孔等动力现象。从钻屑结果上看,说明顶板深孔爆破方法在高应力坚硬顶板卸压方面起到了积极作用。

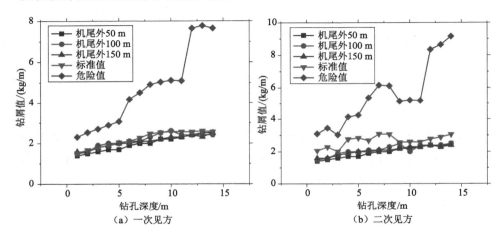

图 6-12 钻屑监测情况

6.1.4.3 卸压效果评价与优化建议

两次见方期间采用顶板深孔爆破技术在高应力坚硬顶板卸压方面均起到了积极作用,监测数据小于危险数据,推采期间综采支架阻力未超过额定阻力,N2107 工作面完成安全回采。相比于一次见方,二次见方期间能量事件虽然数量较少,但出现了较大的能量事件,且接近预警值,同时钻孔应力仅监测到超前工作面 8 m 处,应力呈逐渐上升趋势,说明见方期间仍表现出见方效应的压力显现特征,有必要引起重视。

基于上述问题,提出以下优化建议:

（1）见方期间配合其他方法辅助卸压，施工卸压孔，工作面顺槽加强支护。

（2）本案例中受到距离较近的高抽巷影响，每个断面仅实施了一个爆破孔。应优化爆破孔方案，实现每一个断面实施2～4个爆破孔。

（3）见方期间在巷道和工作面增加矿压监测设备数量，及时掌握动压信息。

6.2　水力压裂在煤矿坚硬顶板卸压中的应用案例

6.2.1　工程概况

余吾煤矿 N2103 工作面北侧为垮落区，南侧为北风井东翼 1# 回风大巷、北风井东翼辅运大巷、北风井东翼胶带大巷、北风井东翼进风大巷、北风井东翼 2# 回风大巷，如图 6-13 所示。其停采线距 1# 回风大巷最近距离为157 m，距东翼瓦斯泵站为 106 m，为保证东翼瓦斯泵站及 1# 回风大巷的安全稳定，当 N2103 工作面前溜回撤后，在工作面顶板采取水力压裂技术，来控制 N2103 工作面停采线顶板的垮落，进而削弱顶板的整体性，使动压系数减小，消除来压冲击载荷，减弱对大巷的压力。

N2103 工作面停采线处切眼长度 320 m，水力压裂钻孔间距 10.5 m，高抽巷口处 10 m 范围内不压裂，总共布置 30 个水力压裂钻孔。钻孔间距10.5 m，从排头 1# 架开始，采用直径 56 mm 的钻头，利用 ZLJ250 地质钻机进行钻进，钻孔深度 40 m，仰角 75°，与煤墙夹角 20°。钻孔压裂采用倒退式压裂法，即从钻孔底部开槽处向孔口依次进行压裂。压裂间隔一般为 2～3 m，单次压裂时间 30 min 左右，距孔口小于 10 m 后终止压裂，单孔压裂次数 10～15 次。封孔方法是先将橡胶封孔器置于预定封孔位置，即将压裂钢管段置于预裂缝处，然后用手动泵向封孔器注水加压到 20 MPa 以上，使封孔器胶管膨胀撑紧孔壁，保证裂缝起裂并扩展，达到弱化顶板目的。

根据 N2103 回风顺槽往西 190 m 处 1059 钻孔取芯柱状图可知，N2103工作面顶、底板岩性如表 6-3 所示。

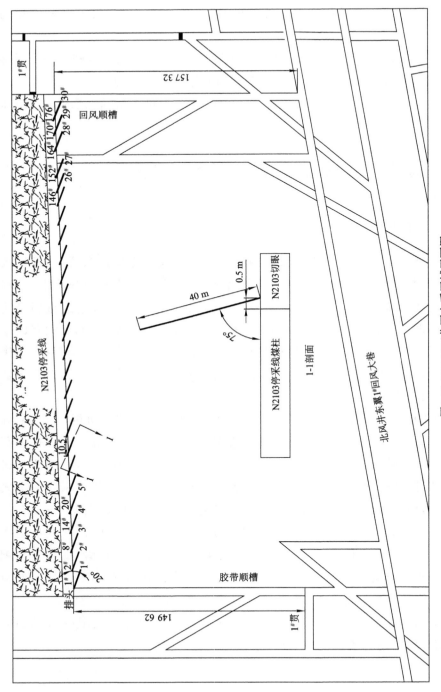

图6-13 N2103工作面未采区域平面图

表 6-3　N2103 工作面顶、底板岩性

岩层	岩性	厚度/m
基本顶	粉砂岩	10.5
	中粒砂岩	2.5
	粉砂岩	6.8
	细粒砂岩	4.2
直接顶	粉砂岩	8
	细粒砂岩	3
	泥岩	2.35
煤层	3#煤	5.8
直接底	泥岩	0.15
	细粒砂岩	5.57

6.2.2　数值模拟模型建立与计算步骤

（1）数值模拟模型建立

为模拟 N2103 工作面末采段水力压裂切顶的卸压效果,根据 N2103 工作面邻近钻孔顶板岩层柱状图,采用 FLAC3D 建立 N2103 工作面末采段数值模型,如图 6-14 所示。模型宽 250 m,厚 10 m,高 600 m,建模包括 N2103 工作面、N2103 末采段切眼、停采线煤柱以及周边的岩体,共包含 28 475 个单元和 37 944 个节点。模型边界条件设定为底部固定、四周法向位移约束、顶面自由,单元体内部侧压力系数取 1.2。岩体本构模型采用应变软化模型,不同岩层的物理力学参数如表 4-3 所列。对于 N2103 工作面末采段切眼,采用 shell 单元模拟金属网,采用 cable 单元模拟锚杆和锚索,各参数取值如表 4-4 所示。

（2）数值模拟计算步骤

根据 N2103 工作面开采情况,结合数值模拟的目的,将计算工序简化如下:

第 1 步:建立 N2103 工作面末采段数值模型,进行初始应力场计算。

第 2 步:一次性开挖 N2103 工作面末采段切眼,同时对切眼进行支护,然后计算至平衡。

第 3 步：由于两个水力压裂孔之间的岩体在水力压裂后将出现一个贯通裂隙面，因此，为模拟这种贯通效果，将两个水力压裂孔之间的岩体参数设置为破碎区岩体参数（见表 4-3）。

第 4 步：由右往左逐步开采 N2103 工作面末采段煤层并计算至平衡。

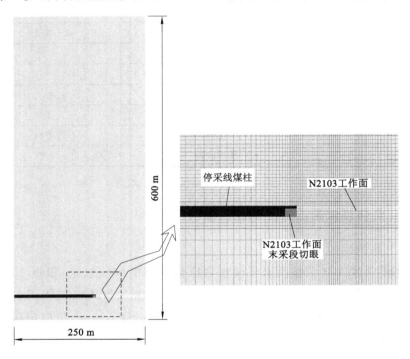

图 6-14　N2103 工作面末采段数值模型

6.2.3　水力压裂切顶卸压效果分析

图 6-15 给出了 N2103 工作面末采段有无水力压裂切顶卸压条件下 N2103 工作面开采至停采线时工作面顶板的悬顶长度。由图可以看出，无水力压裂条件下，N2103 工作面顶板完整性良好，其末采段最大悬顶长度可达 20 m，这极易导致工作面液压支架发生压架事故，或在液压支架撤出后工作面顶板出现大面积垮落现象，造成巨大冲击，威胁 1# 回风大巷以及东翼瓦斯泵站的安全。而进行水力压裂后，N2103 工作面末采段顶板完整性将变差，其在末采段最大悬顶长度可减小至 9 m，比未进行水力压裂下降低了

55%,这极大减小了工作面液压支架发生压架的可能性,降低了工作面动压系数,保证了 1# 回风大巷以及东翼瓦斯泵站的安全。

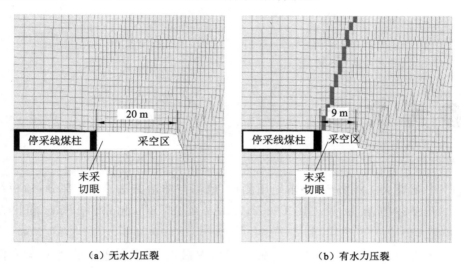

（a）无水力压裂　　　　　　　　　（b）有水力压裂

图 6-15　有无水力压裂切顶卸压下 N2103 工作面末采段的悬顶长度

参 考 文 献

[1] 中国煤炭工业协会. 冲击地压测定、监测与防治方法 第13部分：顶板深孔爆破防治方法：GB/T 25217. 13—2019［S］. 北京：中国标准出版社，2019.

[2] 齐庆新，雷毅，李宏艳，等. 深孔断顶爆破防治冲击地压的理论与实践［J］. 岩石力学与工程学报，2007，26（增刊1）：3522-3527.

[3] 赵善坤. 深孔顶板预裂爆破力构协同防冲机理及工程实践［J］. 煤炭学报，2021，46（11）：3419-3432.

[4] 赵善坤. 深孔顶板预裂爆破与定向水压致裂防冲适用性对比分析［J］. 采矿与安全工程学报，2021，38（4）：706-719.

[5] WOJTECKI Ł，KONICEK P，SCHREIBER J. Effects of torpedo blasting on rockburst prevention during deep coal seam mining in the Upper Silesian Coal Basin［J］. Journal of rock mechanics and geotechnical engineering，2017，9（4）：694-701.

[6] 韩刚，窦林名，张寅，等. 沿空巷道动力显现影响机制与防治技术研究［J］. 采矿与安全工程学报，2021，38（4）：730-738，748.

[7] VENNES I，MITRI H，CHINNASANE D R，et al. Large-scale destress blasting for seismicity control in hard rock mines：a case study［J］. International journal of mining science and technology，2020，30（2）：141-149.

[8] VENNES I，MITRI H，CHINNASANE D R，et al. Effect of stress anisotropy on the efficiency of large-scale destress blasting［J］. Rock me-

chanics and rock engineering,2021,54(1):31-46.

[9] 刘黎,李树刚,刘超,等.集贤煤矿深孔断顶爆破卸压钻孔间距优化[J].煤矿安全,2015,46(10):137-139.

[10] 陈学华,徐翔,李宁.坚硬顶板深孔爆破卸压技术的研究[J].爆破,2013,30(4):66-70,91.

[11] 潘俊锋,刘少虹,高家明,等.深部巷道冲击地压动静载分源防治理论与技术[J].煤炭学报,2020,45(5):1607-1613.

[12] 鞠文君,郑建伟,魏东,等.急倾斜特厚煤层多分层同采巷道冲击地压成因及控制技术研究[J].采矿与安全工程学报,2019,36(2):280-289.

[13] 欧阳振华.多级爆破卸压技术防治冲击地压机理及其应用[J].煤炭科学技术,2014,42(10):32-36,74.

[14] WANG G,GONG S,DOU L,et al. Rockburst mechanism and control in coal seam with both syncline and hard strata[J]. Safety science,2019,115:320-328.

[15] 张俊文,董续凯,柴海涛,等.厚煤层一次采全高低位厚硬岩层垮落致冲机理与防治[J].煤炭学报,2022,47(2):734-744.

[16] 李新华,张向东.浅埋煤层坚硬直接顶破断诱发冲击地压机理及防治[J].煤炭学报,2017,42(2):510-517.

[17] WANG F,TU S,YUAN Y,et al. Deep-hole pre-split blasting mechanism and its application for controlled roof caving in shallow depth seams[J]. International journal of rock mechanics and mining sciences,2013,64:112-121.

[18] NING J,WANG J,JIANG L,et al. Fracture analysis of double-layer hard and thick roof and the controlling effect on strata behavior:a case study[J]. Engineering failure analysis,2017,81:117-134.

[19] KONICEK P,SOUCEK K,STAS L,et al. Long-hole destress blasting for rockburst control during deep underground coal mining[J]. International journal of rock mechanics and mining sciences,2013,61:141-153.

[20] KONICEK P,WACLAWIK P. Stress changes and seismicity monito-

ring of hard coal longwall mining in high rockburst risk areas[J]. Tunnelling and underground space technology,2018,81:237-251.

[21] 王涛,由爽,裴峰,等.坚硬顶板条件下临空煤柱失稳机制与防治技术[J].采矿与安全工程学报,2017,34(1):54-59,66.

[22] 顾合龙,南华,王文,等.爆破卸压技术防治冲击地压的应用与检验[J].煤炭科学技术,2016,44(4):22-26.

[23] CAPUTA A,RUDZIŃSKI Ł. Sourceanalysis of post-blasting events recorded in deep copper mine,Poland[J]. Pure and applied geophysics,2019,176(8):3451-3466.

[24] 苏振国,邓志刚,李国营,等.顶板深孔爆破防治小煤柱冲击地压研究[J].矿业安全与环保,2019,46(4):21-25,29.

[25] 张搏,李晓,王宇,等.油气藏水力压裂计算模拟技术研究现状与展望[J].工程地质学报,2015,23(2):301-310.

[26] 刘允芳.水压致裂法三维地应力测量[J].岩石力学与工程学报,1991,10(3):246-256.

[27] 孙守山,宁宇,葛钧.波兰煤矿坚硬顶板定向水力压裂技术[J].煤炭科学技术,1999,27(2):51-52.

[28] 冯彦军,康红普.定向水力压裂控制煤矿坚硬难垮顶板试验[J].岩石力学与工程学报,2012,31(6):1148-1155.

[29] 康红普,冯彦军.定向水力压裂工作面煤体应力监测及其演化规律[J].煤炭学报,2012,37(12):1953-1959.

[30] 冯彦军,康红普.水力压裂起裂与扩展分析[J].岩石力学与工程学报,2013,32(增刊2):3169-3179.

[31] 冯彦军,周瑜苍,刘勇,等.水力压裂在酸刺沟煤矿初次放顶中的应用[J].煤矿开采,2016,21(5):75-78.

[32] FAN J,DOU L,HE H,et al. Directional hydraulic fracturing to control hard-roof rockburst in coal mines[J]. International journal of mining science and technology,2012,22(2):177-181.

[33] 黄炳香.煤岩体水力致裂弱化的理论与应用研究[J].煤炭学报,2010,35(10):1765-1766.

［34］冯雪磊,马凤山,赵海军,等.断层影响下的页岩气储层水力压裂模拟研究[J].工程地质学报,2021,29(3):751-763.

［35］申鹏磊,吕帅锋,李贵山,等.深部煤层气水平井水力压裂技术:以沁水盆地长治北地区为例[J].煤炭学报,2021,46(8):2488-2500.

［36］REN X,ZHOU L,ZHOU J,et al. Numerical analysis of heat extraction efficiency in a multilateral-well enhanced geothermal system considering hydraulic fracture propagation and configuration[J]. Geothermics, 2020,87:101834.

［37］王志荣,韩中阳,李树凯,等."三软"煤层注水压裂增透机理及瓦斯抽采施工参数确定[J].天然气地球科学,2014,25(5):739-746.

［38］PIAO S,HUANG S,WANG Q,et al. Experimental and numerical study of measuring in-situ stress in horizontal borehole by hydraulic fracturing method[J]. Tunnelling and underground space technology, 2023,141:105363.

［39］刘闯.水平井水力压裂数值模拟与施工参数优化研究[D].合肥:中国科学技术大学,2017.

［40］PERKINS T K,KERN L R. Widths of hydraulic fractures[J]. Journal of petroleum technology,1961,13(9):937-949.

［41］NORDGREN R P. Propagation of avertical hydraulic fracture[J]. Society of petroleum engineers journal,1972,12(4):306-314.

［42］KHRISTIANOVICH S A,ZHELTOV Y P. Formation of vertical fractures by means of highly viscous liquid[J]. World petroleum congress proceedings,1955,1955-June:579-586.

［43］赵熙.页岩压裂裂纹三维起裂与扩展行为的数值模拟与实验研究[D].北京:中国矿业大学(北京),2017.

［44］SIMONSON E R,ABOUSAYED A S,CLIFTON R J. Containment of massive hydraulic fractures[J]. International journal of rock mechanics and mining sciences & geomechanics abstracts,1979,16(1):A2-A3.

［45］HUBBERT M K,WILLIS D G. Mechanics of hydraulic fracturing[J]. Transactions of the AIME,1957,210(1):153-168.

[46] SNEDDON I N,ELLIOT H A. The opening of a Griffith crack under internal pressure[J]. Quarterly of applied mathematics,1946,4(3): 262-267.

[47] 姜浒,陈勉,张广清,等.定向射孔对水力裂缝起裂与延伸的影响[J].岩石力学与工程学报,2009,28(7):1321-1326.

[48] ITO T. Effect of pore pressure gradient on fracture initiation in fluid saturated porous media:rock[J]. Engineering fracture mechanics, 2008,75(7):1753-1762.

[49] 黄炳香,王友壮.顶板钻孔割缝导向水压裂缝扩展的现场试验[J].煤炭学报,2015,40(9):2002-2008.

[50] 高帅.油页岩水平井水力压裂裂缝起裂与延伸机理研究[D].长春:吉林大学,2017.

[51] BLAIR S C,THORPE R K,HEUZE F E,et al. Laboratory observations of the effect of geologic discontinuities on hydrofracture propagation[C]// Proceedings of the 30th U. S. Symposium on Rock Mechanics (USRMS),1989.

[52] ITO T,HAYASHI K. Analysis of crack reopening behavior for hydrofrac stress measurement[J]. International journal of rock mechanics and mining sciences & geomechanics abstracts, 1993, 30 (7): 1235-1240.

[53] VAN DEN HOEK P J,VAN DEN BERG J T M,SHLYAPOBERSKY J. Theoretical and experimental investigation of rock dilatancy near the tip of a propagating hydraulic fracture[J]. International journal of rock mechanics and mining sciences & geomechanics abstracts, 1993, 30 (7):1261-1264.

[54] CASAS L,MISKIMINS J L,BLACK A,et al. Laboratory hydraulic fracturing test on a rock with artificial discontinuities[C]//SPE Annual Technical Conference and Exhibition,2006.

[55] DA SILVA B G,EINSTEIN H. Physical processes involved in the laboratory hydraulic fracturing of granite:visual observations and inter-

pretation[J]. Engineering fracture mechanics,2018,191:125-142.

[56] ATHAVALE A S,MISKIMINS J L. Laboratory hydraulic fracturing tests on small homogeneous and laminated blocks[C]// Proceedings of the 42nd U. S. Rock Mechanics Symposium(USRMS),2008.

[57] 陈勉,庞飞,金衍.大尺寸真三轴水力压裂模拟与分析[J].岩石力学与工程学报,2000,19(增刊1):868-872.

[58] 邓广哲,黄炳香,石增武,等.节理脆性煤层水力致裂技术与应用[C]//岩石力学新进展与西部开发中的岩土工程问题——中国岩石力学与工程学会第七次学术大会论文集.北京:中国科学技术出版社,2002:649-651.

[59] 杨红伟,许江,聂闻,等.单轴压缩砂岩水力压裂力学特性试验研究[J].重庆大学学报,2016,39(5):90-96.

[60] 蔺海晓,杜春志.煤岩拟三轴水力压裂实验研究[J].煤炭学报,2011,36(11):1801-1805.

[61] 张帆,马耕,冯丹.大尺寸真三轴煤岩水力压裂模拟试验与裂缝扩展分析[J].岩土力学,2019,40(5):1890-1897.

[62] 黄炳香.真三轴流压致裂、割缝、渗流、瓦斯驱赶一体化实验系统:CN104614497A[P].2016-04-20.

[63] 张汝生,王强,张祖国,等.水力压裂裂缝三维扩展 ABAQUS 数值模拟研究[J].石油钻采工艺,2012,34(6):69-72.

[64] 龚迪光,曲占庆,李建雄,等.基于 ABAQUS 平台的水力裂缝扩展有限元模拟研究[J].岩土力学,2016,37(5):1512-1520.

[65] 彪仿俊.水力压裂水平裂缝扩展的数值模拟研究[D].合肥:中国科学技术大学,2011.

[66] 王利,孟兵兵,曹运兴,等.水力压裂体积张开度模型[J].岩石力学与工程学报,2020,39(5):887-900.

[67] 王利,郭小辉,曹运兴,等.基于 RVE 尺度的水力压裂应力扰动模型[J].煤炭学报,2023,48(增刊1):82-95.

[68] 黄炳香,邓广哲,刘长友.煤岩体水力致裂弱化技术及其进展[J].中国工程科学,2007,9(4):83-88.

［69］张超超，成云海，田厚强，等.深井特厚煤层水力压裂防冲参数与监测分析［J］.煤矿安全，2016，47（2）：166-169.

［70］师访，高峰，杨玉贵.正交各向异性岩体裂纹扩展的扩展有限元方法研究［J］.岩土力学，2014，35（4）：1203-1210.

［71］林志斌，李亚超，吴疆宇，等.水力压裂对末采矿压显现规律的影响研究［J］.采矿与安全工程学报，2023，40（4）：714-721.

［72］GHADERI A，TAHERI-SHAKIB J，SHARIF NIK M A. The distinct element method（DEM）and the extended finite element method（XFEM）application for analysis of interaction between hydraulic and natural fractures［J］. Journal of petroleum science and engineering，2018，171：422-430.

［73］吴拥政，康红普.煤柱留巷定向水力压裂卸压机理及试验［J］.煤炭学报，2017，42（5）：1130-1137.

［74］张丰收，吴建发，黄浩勇，等.提高深层页岩裂缝扩展复杂程度的工艺参数优化［J］.天然气工业，2021，41（1）：125-135.

［75］WANG T，ZHOU W，CHEN J，et al. Simulation of hydraulic fracturing using particle flow method and application in a coal mine［J］. International journal of coal geology，2014，121：1-13.

［76］吕天奇.基于颗粒流的花岗岩水力压裂数值模拟及试验研究［D］.长春：吉林大学，2018.

［77］ZHANG X，JEFFREY R G. The role of friction and secondary flaws on deflection and re-initiation of hydraulic fractures at orthogonal pre-existing fractures［J］. Geophysical journal international，2006，166（3）：1454-1465.

［78］ZHANG X，JEFFREY R G，THIERCELIN M. Mechanics of fluid-driven fracture growth in naturally fractured reservoirs with simple network geometries［J］. Journal of geophysical research：solid earth，2009，114（B12）：1-16.

［79］CHUPRAKOV D A，AKULICH A V，SIEBRITS E，et al. Hydraulic-fracture propagation in a naturally fractured reservoir［J］. SPE production & operations, 2011, 26(1):88-97.

[80] MC CLURE M W, HORNE R N. Discrete fracture network modeling of hydraulic stimulation: coupling flow and geomechanics[M]. Heidelberg: Springer International Publishing, 2013.

[81] WENG X, KRESSE O, COHEN C, et al. Modeling of hydraulic-fracture-network propagation in a naturally fractured formation[J]. SPE production & operations, 2011, 26(4):368-380.

[82] HAMPTON J, MATZAR L, HU D, et al. Fracture dimension investigation of laboratory hydraulic fracture interaction with natural discontinuity using acoustic emission[C]//Proceedings of the 49th U. S. Rock Mechanics/Geomechanics Symposium, San Francisco, 2015.

[83] ISHIDA T. Acoustic emission monitoring of hydraulic fracturing in laboratory and field[J]. Construction and building materials, 2001, 15(5/6):283-295.

[84] LEI X, MASUDA K, NISHIZAWA O, et al. Detailed analysis of acoustic emission activity during catastrophic fracture of faults in rock[J]. Journal of structural geology, 2004, 26(2):247-258.

[85] 侯振坤, 杨春和, 王磊, 等. 大尺寸真三轴页岩水平井水力压裂物理模拟试验与裂缝延伸规律分析[J]. 岩土力学, 2016, 37(2):407-414.

[86] 杨潇, 张广清, 刘志斌, 等. 压裂过程中水力裂缝动态宽度实验研究[J]. 岩石力学与工程学报, 2017, 36(9):2232-2237.

[87] ALTAMMAR M J, GALA D, SHARMA M M, et al. Laboratory visualization of fracture initiation and propagation using compressible and incompressible fracturing fluids[J]. Journal of natural gas science and engineering, 2018, 55:542-560.

[88] KEAR J, KASPERCZYK D, ZHANG X, et al. 2D experimental and numerical results for hydraulic fractures interacting with orthogonal and inclined discontinuities[C]//Proceedings of the 51st U. S. Rock Mechanics/Geomechanics Symposium, San Francisco, 2017.

[89] GUO T, ZHANG S, QU Z, et al. Experimental study of hydraulic frac-

turing for shale by stimulated reservoir volume[J]. Fuel, 2014, 128: 373-380.

[90] WANG Y, ZHANG D, HU Y Z. Laboratory investigation of the effect of injection rate on hydraulic fracturing performance in artificial transversely laminated rock using 3D laser scanning[J]. Geotechnical and geological engineering, 2019, 37(3): 2121-2133.

[91] LI X, FENG Z, HAN G, et al. Breakdown pressure and fracture surface morphology of hydraulic fracturing in shale with H_2O, CO_2 and N_2[J]. Geomechanics and geophysics for geo-energy and geo-resources, 2016, 2(2): 63-76.

[92] BUNGER A P, KEAR J, JEFFREY R G, et al. Investigation of hydraulic fracture growth through weak discontinuities with active ultrasound monitoring[J]. CIM journal, 2016, 7(3): 165-177.

[93] 李国富, 孟召平, 张遂安. 大功率充电电位法煤层气井压裂裂缝监测技术[J]. 煤炭科学技术, 2006(12): 53-55, 72.

[94] 李玉魁, 张遂安. 井温测井监测技术在煤层压裂裂缝监测中的应用[J]. 中国煤层气, 2005(2): 14-16.

[95] 代志旭. 井下水力压裂检验技术的研究与应用[J]. 煤矿安全, 2012, 43(3): 93-95.

[96] LUO X, HATHERLY P. Application of microseismic monitoring to characterise geomechanical conditions in longwall mining[J]. Exploration geophysics, 1998, 29(3/4): 489-493.

[97] 赵向东, 陈波, 姜福兴. 微地震工程应用研究[J]. 岩石力学与工程学报, 2002, 21(增刊2): 2609-2612.

[98] GE M. Efficient mine microseismic monitoring[J]. International journal of coal geology, 2005, 64(1/2): 44-56.

[99] LA BRECQUE D, BRIGHAM R, DENISON J, et al. Remote imaging of proppants in hydraulic fracture networks using electromagnetic methods: results of small-scale field experiments[C]//SPE, 2016.

[100] HE L, HU X, XU L, et al. Feasibility of monitoring hydraulic fractu-

ring using time-lapse audio-magnetotellurics[J]. Geophysics,2012,77 (4):WB119-WB126.

[101] WANG Z G,YU G,ZHANG L,et al. The use of time-frequency domain electromagnetic technique to monitor hydraulic fracturing[C]// SEG Technical Program Expanded Abstracts 2017,Houston,Texas. Society of Exploration Geophysicists,2017:1268-1273.

[102] WANG Z G,YU G,ZHANG L,et al. The use of time-frequency domain EM technique to monitor hydraulic fracturing[C]// GEM 2019 Xi'an:International Workshop and Gravity,Electrical & Magnetic Methods and their Applications,2015.

[103] YAN L J,CHEN X X,TANG H,et al. Continuous TDEM for monitoring shale hydraulic fracturing[J]. Applied geophysics,2018,15 (1):26-34,147-148.

[104] 戴俊.柱状装药爆破的岩石压碎圈与裂隙圈计算[J].辽宁工程技术大学学报(自然科学版),2001(2):144-147.

[105] 赵善坤,欧阳振华,刘军,等.超前深孔顶板爆破防治冲击地压原理分析及实践研究[J].岩石力学与工程学报,2013,32(增刊2):3768-3775.

[106] 赵善坤,王永仁,吴宝杨,等.超前深孔顶板爆破防冲数值模拟及应用研究[J].地下空间与工程学报,2015,11(1):89-97.

[107] 高魁,刘泽功,刘健,等.深孔爆破在深井坚硬复合顶板沿空留巷强制放顶中的应用[J].岩石力学与工程学报,2013,32(8):1588-1594.

[108] 郭德勇,商登莹,吕鹏飞,等.深孔聚能爆破坚硬顶板弱化试验研究[J].煤炭学报,2013,38(7):1149-1153.

[109] 李春睿,康立军,齐庆新,等.深孔爆破数值模拟及其在煤矿顶板弱化中的应用[J].煤炭学报,2009,34(12):1632-1636.

[110] 赵宁,戴广龙,黄文尧,等.深孔预裂爆破强制放顶技术的研究与应用[J].中国安全生产科学技术,2014,10(4):38-42.

[111] 曹胜根,姜海军,王福海,等.采场上覆坚硬岩层破断的数值模拟研究[J].采矿与安全工程学报,2013,30(2):205-210.

[112] 汪海波,贾虎,徐颖,等.基于爆破损伤的强制放顶爆破参数设计与应用[J].中国安全生产科学技术,2015,11(5):45-50.

[113] 中华人民共和国应急管理部,国家矿山安全监察局.煤矿安全规程[M].北京:应急管理出版社,2022.

[114] 国家安全生产监督管理总局.爆破安全规程:GB 6722—2014[S].北京:中国标准出版社,2015.

[115] 汪旭光,于亚伦,刘殿中.爆破安全规程实施手册[M].北京:人民交通出版社,2004.

[116] 葛修润,王川婴.数字式全景钻孔摄像技术与数字钻孔[J].地下空间,2001(4):254-261,337.

[117] 王川婴,邹先坚,韩增强.基于双锥面镜成像的钻孔摄像系统研究[J].岩石力学与工程学报,2017,36(9):2185-2193.

[118] 陈庆发,周科平,胡建华,等.缓倾薄层弱结构松动圈声波测试时测孔布置的理论依据与验证[J].中南大学学报(自然科学版),2009,40(5):1406-1410.

[119] 杨艳国,范楠.基于单孔声波法测试巷道围岩松动圈试验研究[J].煤炭科学技术,2019,47(3):93-100.